"十四五"职业教育系列教材

计算机应用基础
实训教程

主　　编　　黄逵中　　郭　力

副 主 编　　徐　玲　　钟铁夫　　谢光良

参　　编　　蒋辉黎　　张政成　　胡　伟

　　　　　　汪　琳　　黄　蕾

U0300244

中国电力出版社
CHINA ELECTRIC POWER PRESS

内 容 提 要

本书按教育部《高等职业教育专科信息技术课程标准（2021年版）》基本模块要求编写。全书共分五章：第1章介绍计算机与信息技术的基础知识，第2章介绍 Windows 10 个人版操作系统的基本操作方法，第3～5章以任务驱动的方式，结合32个实用案例及其具体的实现方法和详细操作步骤来分别讲解微软 Word 2016、PowerPoint 2016、Excel 2016 的使用方法。

本书适合作为高等职业教育学校"计算机文化基础""计算机应用基础"等信息技术入门课程的教材，也适合作为在职人员的 Microsoft Office 入门参考书。

图书在版编目（CIP）数据

计算机应用基础实训教程 / 黄逸中，郭力主编 . 一北京：中国电力出版社，2021.9（2023.9 重印）
"十四五"职业教育系列教材
ISBN 978-7-5198-5995-4

Ⅰ . ①计…　Ⅱ . ①黄…　②郭…　Ⅲ . ①电子计算机 - 高等职业教育 - 教材　Ⅳ .
① TP3

中国版本图书馆 CIP 数据核字（2021）第 187939 号

出版发行：中国电力出版社
地　　址：北京市东城区北京站西街 19 号（邮政编码 100005）
网　　址：http://www.cepp.sgcc.com.cn
责任编辑：张　旻
责任校对：黄　蓓　朱丽芳
装帧设计：郝晓燕
责任印制：吴　迪

印　　刷：北京九州迅驰传媒文化有限公司
版　　次：2021 年 9 月第一版
印　　次：2023 年 9 月北京第五次印刷
开　　本：787 毫米 ×1092 毫米　16 开本
印　　张：14.25
字　　数：348 千字
定　　价：45.00 元

前　言

信息技术是我国经济社会转型发展的主要驱动力，是建设创新型国家、制造强国、网络强国、数字中国、智慧社会的基础支撑。

"信息技术"课程一直是高等职业教育学校各专业的必修公共基础课程，其内容包括办公软件应用技术、信息检索技术、信息安全技术、程序设计基础、大数据技术、人工智能技术、云计算技术、现代通信技术、物联网技术、数字媒体技术、虚拟现实技术等，其中办公软件应用技术是学习其他技术的基础。我们希望本书能给读者打开一个通向信息技术通道的入口，为其职业发展、终身学习和服务社会奠定基础。

随着信息技术的发展，个人计算机操作系统、办公应用软件等不断地升级和更新换代，"信息技术"课程的教学内容和教学方法势必也要不断地进行更新和改革。我们以教育部《高等职业教育专科信息技术课程标准（2021 年版）》为依据，组织了从事信息技术课程教学长达十年到二十年、有着丰富的教学经验和Microsoft Office 应用实践经验的教师编写了本教材。

本着"以学生为主体""知行合一""学以致用"的教育理念，我们对教材做了大胆的改革，变"讲什么"为"做什么"和"怎么做"。全书以任务为驱动，结合 32 个实用案例及其具体的实现方法和详细操作步骤，方便学生"在学中做""在做中学"。

本书在出版之前，已作为校本教材使用了两年，并在此期间做了多次修订，以确保教材的内容和形式都能与时俱进。作为教材，既要便于"教"，更要便于"学"。

本书由武汉电力职业技术学院的老师集体编写，由黄逵中和郭力担任主编，徐玲、钟铁夫、谢光良担任副主编。第 1 章和第 2 章由谢光良和黄逵中编写，第 3 章由郭力编写，第 4 章由徐玲编写，第 5 章由黄逵中和钟铁夫编写，蒋辉黎、张政成、胡伟、汪琳、黄蕾分别参与了第 1 章到第 5 章案例的整理和习题的编写工作。

本书作为教材时，建议采用"任务描述→技术分析→示例演示→任务实现→学生实训→能力拓展"的形式组织教学，总学时为 50～60，其中"学生实训"的时间不低于 30 学时。

编者

2021 年 8 月

目　　录

第 1 章 计算机与信息技术

 教学目的和要求

- 了解信息、数据、信息技术的概念，了解信息技术当前的研究热点；
- 了解信息处理装置的发展，掌握计算机的四个发展阶段；
- 了解信息数字化编码的概念、数制之间的转换、ASCII 码，了解汉字编码；
- 掌握计算机系统的组成，了解计算机工作原理；
- 了解微机硬件组成，掌握存储器常用术语，掌握内存的分类及总线、I/O 接口等概念；
- 了解计算机软件组成及其作用。

任务 1.1 了解计算机发展及系统组成

一、计算机的发展

计算机是一种由程序控制的，能快速、高效地对各种信息进行存储和处理的电子设备。其特点主要有处理速度快、计算精度高、记忆能力强、逻辑判断能力强、可靠性高、通用性强等。世界上第一台电子数字积分式计算机（electronic numerical integrator and calculator，ENIAC）诞生于 1946 年 2 月，是由美国国防部和宾夕法尼亚大学共同研制成功的。

冯·诺依曼于 20 世纪 40 年代提出的计算机设计原理，对计算机的发展产生了深远的影响，确立了现代计算机的基本结构——冯·诺依曼体系结构。冯·诺依曼体系结构具有如下两大特征：

（1）实现了内部存储和自动执行两大功能。

（2）内部的程序和数据以二进制表示。

计算机的发展可分为四个阶段：电子管计算机（约 1946—1958 年）、晶体管计算机（约 1958—1964 年）、中小规模集成电路计算机（约 1964—1971 年）、大规模及超大规模集成电路计算机（约 1971 年至今）。

目前，许多国家正在研制新一代计算机——光子计算机、超导计算机、人工智能计算机及量子计算机等。2020 年 12 月 4 日，中国科学技术大学宣布该校潘建伟团队成功构建 76 个光子的量子计算原型机"九章"，用其求解 5000 万个样本的数学算法高斯玻色取样只需 200 秒，而用截至 2020 年世界最快的超级计算机求解则要用 6 亿年。这一突破使中国成为全球第二个实现"量子优越性"的国家。

二、计算机系统的组成

计算机系统包括硬件系统和软件系统两大部分。计算机系统的组成如图 1-1 所示。

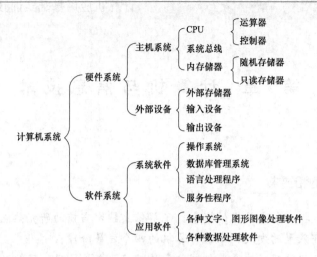

图 1-1　计算机系统的组成

（一）计算机硬件系统组成

计算机硬件系统由运算器、控制器、存储器、输入设备和输出设备五个基本部分组成，其结构如图 1-2 所示。

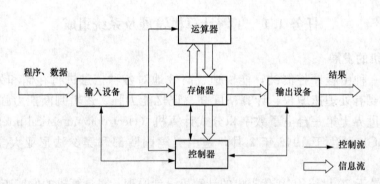

图 1-2　计算机硬件系统的组成及结构

1. 中央处理器

中央处理器（central processing unit，CPU）是计算机系统的核心，能完成计算机的运算和控制。CPU 主要由运算器、控制器、寄存器组和辅助部件组成。

运算器又称算术逻辑单元，是计算机对数据进行加工处理的单元，其主要功能是对二进制数进行加、减、乘、除运算和与、或、非等基本逻辑运算。

控制器负责从存储器中取出指令、分析指令、确立指令类型并对指令进行译码，按指令操作的先后顺序负责向其他部件发出控制信号，保证各部件协调工作。

寄存器组用来存放当前运算所需的各种操作数、地址信息、中间结果等内容。将数据暂时存于 CPU 内部寄存器中，可加快 CPU 的操作速度。

2. 存储器

存储器（memory）是计算机存储信息的"仓库"。信息是指计算机系统所要处理的数据和程序。程序是一组指令的集合。存储器分为内存储器和外存储器两大类。

内存储器（简称内存或主存）与 CPU 直接相连，存储容量相对较小，速度快，用来存放当前运行程序的指令和数据，并直接与 CPU 交换信息。

外存储器（简称外存或者辅存），主要保存暂时不用但又需长期保留的程序和数据。存放在外存的程序和数据必须读入内存才能运行与运算。外存的存储容量大、价格低，但存取速度慢。常用的外存有硬盘、光盘、U 盘等。

存储器的存储容量是以字节（Byte，B）为基本单位的，一个字节包含八个二进制位（bit，b）。

每个字节的存储单元都有自己的位置编码，称为地址。如果要访问存储器中的信息，就必须知道地址，然后再按地址存入或取出信息。

表示存储容量的单位有 B（字节）、KB（千字节）、MB（兆字节）、GB（吉字节）、TB（太字节）等。其换算公式为：1B＝8bit；1KB＝1024B；1MB＝1024KB；1GB＝1024MB；1TB＝1024GB。

3. 输入/输出设备

输入设备是将外界的各种信息（如程序、数据、命令等）输入计算机内部的设备。常用的输入设备有键盘、鼠标、扫描仪、数字化仪、条形码读入器等。

输出设备是将计算机处理后的信息以人们能够识别的形式（如文字、图形、数值、声音等）呈现出来的设备。常用的输出设备有显示器、打印机、绘图仪等。

4. 总线

为了使构成计算机的各功能部件成为一个可靠的工作系统，必须将它们按某种方式有组织地连接在一起，总线（bus）就是计算机各部件之间传递信息的公共通道。计算机中的总线实际上是一组导线。总线结构如图 1-3 所示。

总线可分为三种：数据总线、地址总线和控制总线。

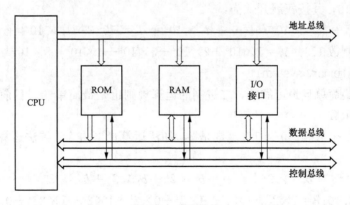

图 1-3 总线结构

（二）计算机软件系统组成

从整体上来说，可以把计算机系统看成如图 1-4 所示的层次结构。最内层是硬件（裸机）；直接操作硬件的是操作系统，它向下控制硬件，向上支持其他软件；操作系统之外的各层分别是各种语言处理程序、各种实用程序；最外层是最终用户的应用程序。

计算机软件系统是组成计算机系统的逻辑设备，它包括系统软件和应用软件两部分。

1. 系统软件

系统软件是管理、监控、维护计算机资源（包括硬件资源和软件资源）的软件。系统软

图 1-4　计算机软件系统

件主要有操作系统、语言处理程序、数据库管理系统和服务性程序。

2. 应用软件

应用软件是用户为解决实际问题而编写的各种实用程序，是除了系统软件之外的所有软件。常用的应用软件有CAD/CAM 软件、办公自动化系统软件、管理信息系统软件、电子商务/电子政务应用系统软件、自动控制软件、图形图像处理软件、多媒体应用软件等。

任务 1.2　理解计算机中信息的表示

一、进位计数制

人们在生产实践和日常生活中，创建了各种表示数的方法，这种数的表示系统称为数制。人们最常用的是十进制，而计算机中使用的是二进制。为了方便二进制的书写，人们还引入了八进制、十六进制等。不同的进位制，其基数是不同的，如二进制的基数是"2"，十进制的基数是"10"。

设一个基数为 r 的数值 N，$N=(d_{n-1}d_{n-2}\cdots d_1 d_0 d_{-1}\cdots d_{-m})$，则 N 的展开式为：

$$N = d_{n-1}\times r^{n-1}+d_{n-2}\times r^{n-2}+\cdots+d_1\times r^1+d_0\times r^0+d_{-1}\times r^{-1}+\cdots+d_{-m}\times r^{-m}$$

（一）十进制(decimal system)

十进制有 10 个数码：0、1、2、3、4、5、6、7、8、9，基数是 10，加法运算逢 10 进 1，减法运算借 1 当 10，其按权展开式为：

$$D = d_{n-1}\times 10^{n-1}+d_{n-2}\times 10^{n-2}+\cdots+d_1\times 10^1+d_0\times 10^0+d_{-1}\times 10^{-1}+\cdots+d_{-m}\times 10^{-m}$$

例如，十进制数 $1234.56=1\times 10^3+2\times 10^2+3\times 10^1+4\times 10^0+5\times 10^{-1}+6\times 10^{-2}$。

（二）二进制(binary system)

二进制数是最简单且最可靠的，二进制的运算规则也是最简单的。目前在计算机中，全是用二进制来表示数。

二进制只有 2 个数码：0 和 1，基数是 2，加法运算逢 2 进 1，减法运算借 1 当 2，其按权展开式为：

$$B = b_{n-1}\times 2^{n-1}+b_{n-2}\times 2^{n-2}+\cdots+b_1\times 2^1+b_0\times 2^0+b_{-1}\times 2^{-1}+\cdots+b_{-m}\times 2^{-m}$$

例如，$11001.101B=1\times 2^4+1\times 2^3+0\times 2^2+0\times 2^1+1\times 2^0+1\times 2^{-1}+0\times 2^{-2}+1\times 2^{-3}=25.625$。

（三）八进制(octal system)

八进制有 8 个数码：0、1、2、3、4、5、6、7，基数是 8，加法运算逢 8 进 1，减法运算借 1 当 8，其按权展开式为：

$$Q = q_{n-1}\times 8^{n-1}+q_{n-2}\times 8^{n-2}+\cdots+q_1\times 8^1+q_0\times 8^0+q_{-1}\times 8^{-1}+\cdots+q_{-m}\times 8^{-m}$$

例如，$1234.5Q=1\times 8^3+2\times 8^2+3\times 8^1+4\times 8^0+5\times 8^{-1}=668.625$。

（四）十六进制(hexadecimal system)

十六进制有 16 个数码：0、1、2、3、4、5、6、7、8、9、A、B、C、D、E、F，基数

是 16，加法运算逢 16 进 1，减法运算借 1 当 16，其按权展开式为：

$$H = h_{n-1} \times 16^{n-1} + h_{n-2} \times 16^{n-2} + \cdots + h_1 \times 16^1 + h_0 \times 16^0 + h_{-1} \times 16^{-1} + \cdots + h_{-m} \times 16^{-m}$$

例如，1234.5H$= 1 \times 16^3 + 2 \times 16^2 + 3 \times 16^1 + 4 \times 16^0 + 5 \times 16^{-1} = 4660.3125$。

二、数制转换

十进制数转换为二进制数，整数部分可用"除 2 取余法"，小数部分可用"乘 2 取整法"实现。

例如，将十进制数 35 转换为二进制数，如图 1-5 所示。

故十进制数 35 对应的二进制数为：100011，即 35＝100011B。

对于二进制数、八进制数、十六进制数到十进制数的转换，只需按权展开相加即可实现。

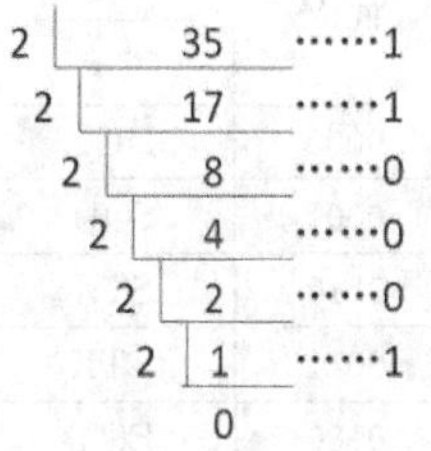

不同进制数的对应关系见表 1-1。

图 1-5　将十进制数 35 转换为二进制数

表 1-1　　　　　　　　　　**不同进制数的对应关系**

十进制	二进制	八进制	十六进制
0	0000	0	0
1	0001	1	1
2	0010	2	2
3	0011	3	3
4	0100	4	4
5	0101	5	5
6	0110	6	6
7	0111	7	7
8	1000	10	8
9	1001	11	9
10	1010	12	A
11	1011	13	B
12	1100	14	C
13	1101	15	D
14	1110	16	E
15	1111	17	F

数制转换在计算器中的应用：在科学型计算器（Windows 8 及以前版本中的计算器）中输入不同数制的数字，单击相应按钮，即可得到不同数制的数字；在 Windows 10 中的计算器中单击"程序员"，输入不同数制的数字，单击相应按钮，即可得到不同数制的数字。

三、字符编码

字符编码就是规定用什么样的二进制码来表示字母、数字及专用符号。计算机中的字符编码有 ASCII 码和 GB 2312 编码等。

（一）ASCII 码

ASCII 码，即美国标准信息交换码（American Standard Code for Information Interchange），已被世界所公认，是世界范围内通用的字符编码标准。

ASCII 码最初采用 7 位二进制数来表示一个字符，共 128 个字符，见表 1-2。后来因计算机中最小存储单位是字节，ASCII 码改用 8 位二进制数来表示，并扩充了 128 个字符。要注意 52

个英文字母（分大小写）和 10 个数字（0 至 9）对应的编码（十进制数、十六进制数）。

表 1-2 **ASCII 码表（前 128 个字符）**

低位	高位							
	000	001	010	011	100	101	110	111
0000	NUL	DLE	SP	0	@	P	`	p
0001	SOH	DC1	!	1	A	Q	a	q
0010	STX	DC2	"	2	B	R	b	r
0011	ETX	DC3	#	3	C	S	c	s
0100	EOT	DC4	$	4	D	T	d	t
0101	ENQ	NAK	%	5	E	U	e	u
0110	ACK	SYN	&	6	F	V	f	v
0111	BEL	ETB	'	7	G	W	g	w
1000	BS	CAN	(	8	H	X	h	x
1001	HT	EM	)	9	I	Y	i	y
1010	LF	SUB	*	:	J	Z	j	z
1011	VT	ESC	+	;	K	[	k	{
1100	FF	FS	,	<	L	\	l		
1101	CR	GS	—	=	M	]	m	}
1110	SO	RS	.	>	N	^	n	~
1111	SI	US	/	?	O	_	o	DEL

（二）GB 2312 编码

GB 2312 编码是中华人民共和国国家标准（GB）汉字信息交换用编码，全称《信息交换用汉字编码字符集 基本集》，由国家标准总局发布。

GB 2312 规定，"对任意一个图形字符都采用两个字节表示，每个字节均采用 GB 1988—80[1] 及 GB 2311—80[2] 中的 7 位编码表示"。习惯上称第一个字节为"区号"，第二个字节为"位号"，所以 GB 2312 编码也称区位码。

任务 1.3 正确使用输入设备

一、正确使用鼠标

（一）鼠标的正确"握"法

正确持握鼠标，才会在长时间的使用中不感觉到疲劳。正确的鼠标握法是：手腕自然放在桌面上，用右手大拇指和无名指轻轻夹住鼠标的两侧，食指和中指分别对准鼠标的左键和右键，手掌心不要紧贴在鼠标上，这样有利于鼠标的移动操作。

（二）鼠标的基本操作

（1）指向。将鼠标指针移动到操作对象上。

（2）单击/点击。快速按下并释放鼠标左键。

（3）双击。连续两次快速按下并释放鼠标左键。

---

[1] GB 1988—80《信息处理交换用的七位编码字符集》。

[2] GB 2311—80《信息处理交换用七位编码字符集的扩充方法》。

（4）拖动。按下鼠标左键，移动鼠标指针到指定位置，再释放按键。

（5）右击。快速按下并释放鼠标右键。

（6）其他特殊操作。三击，Word 中实现对文档的全选；鼠标左右键同时单击，在挖地雷游戏中使用到；等等。

二、正确使用键盘

（一）手指分工

（1）键盘上的英文字母和符号是按照它们的使用频率来布局的。准备打字时，除拇指外的八个手指分别放在基本键上，特别注意 F 键和 J 键，拇指放在空格键上，如图 1-6 所示。

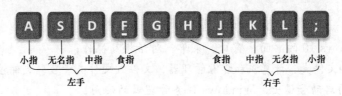

图 1-6　手指分工

（2）各手指的负责区域，如图 1-7 所示。

图 1-7　键盘与手指分工

左手：食指负责　　　4　5　R　T　F　G　V　B 共 8 个键；

　　　中指负责　　　3　E　D　C 共 4 个键；

　　　无名指负责　　2　W　S　X 共 4 个键；

　　　小指负责　　　1　Q　A　Z 及其左边的所有键位。

右手：食指负责　　　6　7　Y　U　H　J　N　M 共 8 个键；

　　　中指负责　　　8　I　K　, 共 4 个键；

　　　无名指负责　　9　O　L　. 共 4 个键；

　　　小指负责　　　0　P　;　\ 及其右边的所有键位。

拇指：双手的拇指用来控制空格键。

（二）特殊字符的输入

键盘的打字键区上方及右边有一些特殊的符号键（数字键和标点符号键），在它们的标示中都有两个符号。位于上方的符号，要同时按着 Shift 键与所需的符号键，才能打出来。

第 2 章　Windows 10 的使用

 教学目的和要求

- 了解 Windows 10 的特点；
- 掌握 Windows 10 的桌面、窗口、菜单、对话框及操作；
- 掌握文件和文件夹、计算机和资源管理器、文件或文件夹管理、文件搜索、库的管理；
- 掌握程序的启动和退出、Windows 任务管理器的使用；
- 了解程序关联、剪贴板；
- 掌握控制面板的使用；
- 掌握软件安装和更新的方法；
- 掌握鼠标、键盘、输入法的使用。

任务 2.1　了解和使用 Windows 10

一、Windows 10 版本介绍

与以往的 Windows 操作系统不同，Windows 10 是微软（Microsoft）公司发布的一款跨平台的操作系统，它能够同时运行在台式机、平板电脑、智能手机和 Xbox 等平台，为用户带来统一的体验。图 2-1 所示为 Windows 10 在台式机上的桌面效果。

图 2-1　Windows 10 在台式机上的桌面效果

Windows 10 有 7 个版本，分别是：家庭版、专业版、企业版、教育版、移动版、企业移动版、物联网版。

二、Windows 10 的新功能

（一）进化的"开始"菜单

Windows 10 的"开始"菜单可视为 Windows 7 "开始"菜单与 Windows 8 "开始"菜单的结合体，可以任意调整它的大小，同时又保留了磁贴界面。图 2-2 所示为 Windows 10 的"开始"菜单。

（二）任务视图

任务视图（task view）是 Windows 10 新增的虚拟桌面软件，单击位于任务栏上的 ▯ 按钮，可以查看当前运行的多任务程序。

（三）全新的通知中心

单击任务栏右下角的 ▭ 按钮，可以打开通知面板，面板上会显示来自不同应用的通知消息。

（四）微软"小娜"

微软"小娜"（Cortana）是微软公司发布的全球第一款个人智能助理，也是 Windows 10 的私人助理。利用 Cortana 可以看照片、放音乐、发邮件、浏览器搜索等。

图 2-2　Windows 10 的"开始"菜单

（五）全新的 Edge 浏览器

Microsoft Edge 浏览器是 Windows 10 内置的浏览器。其特点是：支持内置 Cortana 语音功能，以及阅读器、笔记和分享功能；设计注重实用和简洁。

（六）多桌面功能

Windows 10 支持多桌面功能，如此用户就可以把程序放在不同的桌面上，让工作更加有条理。

三、认识 Windows 10 桌面

（一）桌面背景

桌面背景可以是个人收集的数字图片、Windows 提供的图片、纯色或带有颜色框架的图片，也可以是幻灯片图片。Windows 10 自带了很多漂亮的桌面背景图片。

（二）桌面图标

在 Windows 10 中，所有的文件、文件夹和应用程序都由相应的图标表示。新安装的 Windows 10 桌面上只有一个"回收站"和"此电脑"图标。

（三）任务栏

任务栏是位于桌面最底部的长条，Windows 10 中的任务栏设计得更加人性化，使用起来更加方便，功能和灵活性更强大。用户按 Alt＋Tab 组合键可以在不同的窗口之间切换操作。

（四）通知区域

系统默认情况下，通知区域位于任务栏的右侧。通知区域用于提醒用户当前系统发生了哪些变化，如系统有没有更新、防火墙有没有打开等。通知区域下端还放置了若干个开关，用于快速开启或关闭某些系统功能。

（五）"开始"按钮

单击桌面左下角的"开始"按钮或按下 Windows 徽标键（⊞，简称"Win 键"），即可打开"开始"菜单，其左侧依次为用户账户头像、常用的应用程序列表及快捷选项，右侧为"开始"屏幕。

（六）搜索框

在 Windows 10 中，搜索框和 Cortana 高度集中，在搜索框中直接输入关键词或打开"开始"菜单输入关键词，即可搜索相关的桌面程序、网页、用户的资料等。

四、"开始"菜单的基本操作

（一）在"开始"菜单中查找程序

打开"开始"菜单，即可看到最常用程序列表或"所有应用"选项。

最常用程序列表罗列了最近使用最频繁的应用程序，用户可以在此查看最常用的程序。单击应用程序选项后面的按钮，即可打开跳转列表。

单击"所有应用"选项，即可显示系统中安装的所有程序，并以数字和首字母升序排列。单击排列的首字母，可以显示排列索引，通过索引用户可以快速查找所需的应用程序。

另外，用户也可在"开始"菜单下的搜索框中，输入应用程序关键词，快速查找所需的应用程序。

（二）将应用程序固定到"开始"屏幕

系统默认情况下，"开始"屏幕主要包含生活动态及播发和浏览的主要应用，用户可以根据需要将应用程序添加到"开始"屏幕上。

打开"开始"菜单，在最常用程序列表或"所有应用"选项中，选择要固定到"开始"屏幕的程序，单击鼠标右键，在弹出的菜单中选择"固定到'开始'屏幕"命令即可。

（三）将应用程序固定到任务栏

用户除了可以将程序固定到"开始"屏幕外，还可将程序固定到任务栏中的快速启动区域，以方便使用程序时，可以快速启动。

（四）动态磁贴的使用

动态磁贴（live tile）是"开始"屏幕界面中的图形方块，也称"磁贴"。用户可以调整磁贴的大小和位置。

（五）调整"开始"屏幕大小

在 Windows 8 中，"开始"屏幕是全屏显示的；而在 Windows 10 中，用户可以根据需要调整"开始"屏幕的大小。如果需要全屏显示，按 Win＋I 组合键，打开"Windows 设置"面板，单击"个性化"，选择"开始"选项，将"使用全屏'开始'屏幕"设置为开即可。

五、窗口的基本操作

（一）窗口的组成元素

窗口是屏幕上与一个应用程序相对应的矩形区域，是用户与产生该窗口的应用程序之间的可视界面。当用户开始运行一个应用程序时，应用程序就创建并显示一个窗口；当用户操作窗口中的对象时，应用程序就会做出相应的反应；用户可通过关闭一个窗口来终止一个程序的运行。

Windows 10 的窗口由标题栏、快速访问工具栏、菜单栏、地址栏、控制按钮区、搜索框、导航窗格、内容窗格、状态栏、视图按钮等组成，如图 2-3 所示。

1. 标题栏

标题栏位于窗口的最上方，它显示了当前的目录位置。右侧分别为"最小化""最大化/还原""关闭"三个窗口控制按钮。

2. 快速访问工具栏

快速访问工具栏位于标题栏的左侧，它显示了当前窗口图标和"属性""新建文件夹""自定义快速访问工具栏"三个按钮。

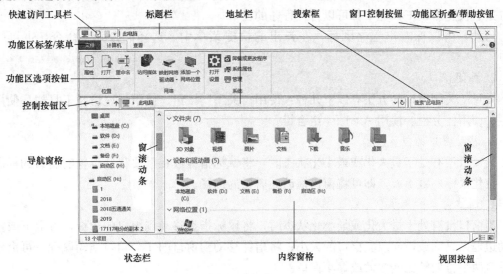

图 2-3　Windows 10 的窗口组成

3. 菜单栏

菜单栏位于标题栏的下方，它包含了当前窗口或窗口内容的一些常用操作菜单。在菜单栏的右侧为"展开功能区/最小化功能区"和"帮助"按钮。

4. 地址栏

地址栏位于菜单栏的下方，它主要反映了从根目录开始到当前目录的路径。单击地址栏即可看到当前目录具体的路径；在地址栏中输入地址，窗口将直接跳转到指定的位置。

5. 控制按钮区

控制按钮区位于地址栏的左侧，它主要用于返回、前进、上移到前一个目录位置。

6. 搜索框

搜索框位于地址栏的右侧，通过在搜索框中输入要查看信息的关键字，可以快速查找当前目录下相关的文件、文件夹。

7. 导航窗格

导航窗格位于控制按钮区下方，它显示了计算机中包含的具体位置，如快速访问、OneDrive、此电脑、网络等。用户可以通过左侧的导航窗格，快速定位相应的目录。

8. 内容窗口

内容窗口位于导航窗格的右侧，它是显示当前目录内容的区域，也称工作区域。

9. 状态栏

状态栏位于导航窗格下方，它会显示当前目录文件的项目数量，也会根据用户选择的内容，显示所选文件和文件夹的数量、容量等属性信息。

10. 视图按钮

视图按钮位于状态栏右侧，它包含了"在窗口中显示每一项的相关信息"和"使用大缩略图显示项"两个按钮。

(二) 窗口的操作

1. 打开窗口

在 Windows 10 中，双击应用程序图标，即可打开窗口。在"开始"菜单列表、桌面快捷方式、快速启动工具栏中都可以打开程序的窗口。

另外，用鼠标右击程序图标，在弹出的快捷菜单中，选择"打开"命令，也可打开窗口。

2. 关闭窗口

常见的关闭窗口的方法有以下几种：使用"关闭"按钮、使用快速访问工具栏、使用标题栏、使用任务栏、使用 Alt＋F4 组合键。

3. 移动窗口的位置

当窗口没有处于最大化或最小化状态时，将鼠标指针放在需要移动位置的窗口的标题栏上，按住鼠标左键不放，即可将窗口拖动到需要的位置。

4. 调整窗口的大小

当窗口没有处于最大化或最小化状态时，将鼠标指针移动到窗口的边缘，可上下或左右移动边框以纵向或横向改变窗口的大小；将指针移动到窗口的 4 个角，拖动鼠标，可沿水平或垂直两个方向等比例放大或缩小窗口。

5. 切换当前窗口

切换当前窗口的方法有：使用鼠标单击程序图标切换窗口；使用 Alt＋Tab 组合键和Win＋Tab 组合键切换窗口；使用任务视图切换窗口。

6. 窗口贴边显示

在 Windows 10 中，如果需要同时处理两个窗口，可以按住一个窗口的标题栏，将其拖动至屏幕左右边缘或角落位置，窗口会出现气泡，此时松开鼠标，窗口即会贴边显示。

（三）平板模式

Windows 10 新增了一种使用模式，即平板模式，它可以使用户像使用平板电脑那样使用计算机。开启平板模式的操作步骤如下：单击桌面右下角的"通知"图标，在弹出的窗口中单击"平板模式"图标。如要退出平板模式，则再次单击"平板模式"图标即可。

※课堂实践

（1）开启个人计算机的平板模式。

（2）通过滑动鼠标关闭计算机。

（3）使用虚拟桌面创建多桌面。

（4）添加"桌面"图标到工具栏。

六、文件管理

文件和文件夹是 Windows 10 资源的重要组成部分，掌握好管理文件和文件夹的基本操作，才能更好地运用操作系统完成工作和学习。

（一）认识文件和文件夹

1. 文件

文件是 Windows 中存取磁盘信息的基本单位。一个文件是磁盘上存储的信息的一个集合，其可以是文字、图像、影像和一个应用程序等。每个文件都有自己唯一的名称，Windows 10 正是通过文件的名称来实现对文件的管理的。

（1）文件名的组成。文件名由基本名和扩展名构成，它们之间用英文"."隔开，如 tupian. jpg。文件可以只有基本名，没有扩展名；但不能只有扩展名，没有基本名。

（2）文件的命名规则。Windows 10 的文件命名规则有以下几点：

1）支持长文件名，一个文件名最长可达 256 个字符，文件名中允许有空格。

2）文件名中不能出现如下字符：斜线（\、/）、竖线（|）、小于号（<）、大于号（>）、冒号（:）、引号（"或'）、问号（?）、星号（*）。

3）文件名不区分大小写字母，如"abc"和"ABC"是同一个文件名。

4）通常一个文件都有扩展名（多为 3 个字符），用来表示文件的类型。

5）同一个文件夹中的文件不能同名。

（3）文件的类型。Windows 10 通过文件的扩展名来识别文件的类型。一般情况下文件可以分为：文本文件（. txt、. docx、. pdf 等），图像和照片文件（. jpeg、. gif、. bmp 等），程序文件（. exe、. com、. bat 等），压缩文件（. rar、. zip、. jar、. cab 等），音视频文件（. wav、. mp3、. swf、. rm 等），等等。

（4）文件的图标。文件的图标和扩展名反映了文件的类型，文件的图标和扩展名之间有一定的对应关系。

2. 文件夹

文件夹是从 Windows 95 开始提出的一种存放文件的"容器"。文件夹都有名字，操作系统就是根据它们的名字来存取的。一般情况下，Windows 10 的文件夹命名规则有以下几点：

（1）支持长文件夹名，一个文件夹名最长可达 256 个字符，文件夹名中允许有空格。

（2）文件夹名中不能出现如下字符：斜线（\、/）、竖线（|）、小于号（<）、大于号（>）、冒号（:）、引号（"或'）、问号（?）、星号（*）。

（3）文件夹名不区分大小写字母，如"abc"和"ABC"是同一个文件夹名。

（4）文件夹没有扩展名。

（5）同一个文件夹中的文件夹不能同名。

3. 文件和文件夹的存放位置

文件和文件夹一般存放在计算机的磁盘或用户文件夹中。

（1）计算机磁盘。从理论上来说，文件可以被存放在计算机磁盘的任意位置，但为了方便管理，文件的存放就有了以下规则。

通常情况下，计算机的硬盘最少也需划分为三个分区：C 盘、D 盘和 E 盘。三个盘的功能分别如下：

1）C 盘主要用来存放系统文件。所谓系统文件，是指操作系统和应用软件中的系统操作部分。默认情况下，系统文件都会被安装在 C 盘，包括常用的程序。

2）D 盘主要用来存放应用软件的文件。例如，Office、Photoshop 和 3ds Max 等程序常常被安装在 D 盘。

3）E 盘用来存放用户自己的文件。例如，用户自己的电影、图片和 Word 资料文件等。

如果硬盘还有多余的空间，可以添加更多的分区。

（2）用户文件夹。Windows 10 为每个用户建立了一个文件夹，名称与用户名相同，在此文件夹下还有若干个子文件夹，如"文档""图片""视频""音乐""下载"等，用于分类保存用户文件。对于常用的文件，用户可以将其存放在"文档"文件夹中，以便及时调用。

4. 文件和文件夹的路径

文件和文件夹的路径，表示的是文件和文件夹所在的位置。路径有两种：绝对路径和相对路径。

绝对路径的表示方法是从根文件夹开始，根通常用"\"来表示，如"C: \ Windows \ System32"表示 C 盘下面 Windows 文件夹下的 System32 文件夹。

相对路径的表示方法是从当前文件夹开始，如当前文件夹为 C: \ Windows，如果要表示它下面的 System32 下的 ebd 文件夹，就表示为 System32 \ ebd。

（二）文件和文件夹的基本操作

1. 文件资源管理功能区

在 Windows 10 中，文件资源管理器采用了 Ribbon 界面，就是采用了标签页和功能区的形式，以方便用户的管理。Ribbon 界面主要包含计算机、主页、共享和查看 4 种标签页，不同的标签页包含不同类型的命令。

（1）计算机标签页。双击"此电脑"图标，进入"此电脑"窗口，则默认显示计算机标签页。

（2）主页标签页。打开任意磁盘或文件，则显示主页标签页。

（3）共享标签页。主要包含对文件的发送和共享操作，如文件压缩、刻录光盘、打印等。

（4）查看标签页。主要包含对窗口、布局、视图和显示/隐藏等操作。

2. 打开/关闭文件或文件夹

（1）打开文件或文件夹。①双击要打开的文件或文件夹；②鼠标右击后，在快捷菜单中选择"打开"菜单命令；③鼠标右击后，在快捷菜单中利用"打开方式"打开。

（2）关闭文件或文件夹。①单击右上角的"关闭"按钮；②在标题栏上单击鼠标右键，在弹出的快捷菜单中选择"关闭"菜单命令；③按 Alt＋F4 组合键。

3. 更改文件或文件夹的名称

更改文件或文件夹名称的方法有：①使用功能区；②使用右键菜单命令；③使用 F2 快捷键。

4. 复制/移动文件或文件夹

（1）复制文件或文件夹。①在快捷菜单中选择"复制"菜单命令，然后在目标位置选择"粘贴"命令；②按住 Ctrl 键并拖动文件或文件夹到目标位置；③按 Ctrl＋C 组合键复制，然后在目标位置按 Ctrl＋V 组合键粘贴。

（2）移动文件或文件夹。①在快捷菜单中选择"剪切"菜单命令，然后在目标位置选择"粘贴"命令；②按住 Shift 键并拖动文件或文件夹到目标位置；③按 Ctrl＋C 组合键复制，然后在目标位置按 Ctrl＋V 组合键粘贴；④选中要移动的文件或文件夹，用鼠标直接拖动到目标位置。

5. 隐藏/显示文件或文件夹

（1）隐藏文件或文件夹。选中需要隐藏的文件或文件夹，右击鼠标并在弹出的快捷菜单中选择"属性"→选择"常规"选项卡→勾选"隐藏"复选框→单击"确定"。

（2）显示文件和文件夹。按一下 Alt 功能键，调出功能区→选择"查看"标签页，单击勾选"显示/隐藏"下的"隐藏的项目"复选框。

6. 压缩和解压缩文件夹

文件夹的压缩和解压缩，除使用专用的压缩软件外，可以利用 Windows 10 自带的压缩软件。其操作步骤如下：选择需要压缩的文件夹并右击鼠标→选择快捷菜单"发送到"→"压缩（Zipped）文件夹"→弹出"正在压缩"对话框。还可以将多个文件夹合并压缩，将想要合并的文件夹和压缩文件夹放在同一目录下进行如上的操作即可。

任务 2.2　Windows 定制和系统扩展

一、个性化 Windows 10

（一）个性化桌面

1. 自定义桌面背景

在桌面的空白处右击鼠标→选择"个性化"命令→打开"设置"面板→选择"背景"选项。

2. 自定义桌面图标

选择需要修改名称的桌面图标，右击鼠标→单击"重命名"可完成图标的命名。在桌面的空白处右击鼠标→选择"个性化"命令→打开"设置"面板→选择"主题"选项→单击右侧窗格中"桌面图标设置"选项卡→单击"更改图标"。

（二）个性化主题

1. 设置背景主题色

单击"开始"按钮→选择"设置"选项→打开"Windows 设置"面板→单击"个性化"图标→打开"设置"面板→选择"颜色"选项。

2. 设置屏幕保护程序

在桌面空白处右击鼠标→选择"个性化"命令→打开"设置"面板→选择"锁屏界面"→单击"屏幕超时设置"超链接→打开"电源和睡眠"设置屏幕和睡眠的时间。其他的依上操作。

3. 设置计算机主题

计算机主题可以是桌面背景图片、窗口颜色和声音的组合。在桌面空白处右击鼠标→选择"个性化"命令→打开"设置"面板→选择"主题"选项→按需要设置背景、颜色、声音、鼠标光标或使用自定义主题。

（三）个性化计算机的显示设置

1. 设置合适的屏幕分辨率

在桌面上空白处右击鼠标→选择"显示设置"命令→打开"设置"面板→选择"显示"→单击"高级显示设置"超链接。

2. 设置通知区域显示的图标

在桌面上空白处右击鼠标→选择"显示设置"命令→打开"设置"面板→选择"通知和操作"选项进行设置。

3. 设置显示的应用通知

在桌面上空白处右击鼠标→选择显示设置→打开"设置"面板→选择"通知和操作"选项进行设置。

（四）计算机字体的个性化

单击"开始"按钮，在弹出的"开始屏幕"中选择"控制面板"命令，单击"外观和个性化"，在"字体"选项下选择"更改字体设置"。

（五）设置日期和时间

右击时间通知区域→单击"调整日期和时间"选项→打开"设置"面板进行设置。

（六）设置鼠标和键盘

1. 鼠标设置

打开"控制面板"→将查看方式选为"小图标"→打开"所有控制面板项"窗口→单击"鼠标"超链接。

2. 键盘设置

打开"控制面板"→将查看方式选为"小图标"→打开"所有控制面板项"窗口→单击"键盘"超链接。

二、管理系统用户账户

管理 Windows 10 用户账户是使用 Windows 10 的第一步，注册并登录 Microsoft 账户，才能使用 Windows 10 的许多功能。

（一）了解 Windows 10 的账户

Windows 10 有两种账户类型：一种是本地账户（Administrator），另一种是 Microsoft 账户。

（二）本地账户的设置和应用

启用本地账户的操作：鼠标右击"开始"按钮→选择"计算机管理"→打开"计算机管理"窗口→依次展开"本地用户和组"→选择"用户"选项。

（三）Microsoft 账户的设置与应用

注册并登录 Microsoft 账户的操作：单击"开始"按钮→在"开始"屏幕中右击登录用户→选择"更改账户设置"→打开"设置"面板→选择"账户信息"进行设置。

（四）本地账户和 Microsoft 账户的切换

将本地账户切换到 Microsoft 账户可以轻松获取用户所有设备的所有内容，切换方法为：打开账户信息"设置"面板→选择"电子邮件和账户"→进入设置界面。

本地账户是系统默认的账户，将 Microsoft 账户切换到本地账户的方法为：以 Microsoft

账户登录此设备后，选择账户信息"设置"面板→选择"电子邮件和账户"→单击"改用本地账户登录"超链接。

（五）添加家族成员和其他用户的账户

打开账户信息"设置"面板→选择"家庭和其他用户"选项，进入设置界面。

三、Windows 附件的使用

（一）画图工具

单击"开始"按钮，选择"所有应用"选项→选择"Windows 附件"→单击"画图"，启动画图工具，如图 2-4 所示。

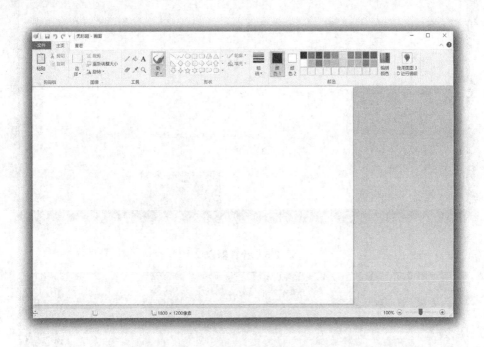

图 2-4　画图窗口

（1）画图窗口组成。画图窗口由"文件"选项卡、快速访问工具栏和功能区等组成。

（2）绘制基本图形。该画图工具可绘制直线、曲线、形状等基本图形。

（3）编辑图片。包括打开图片和保存图片。

（4）保存图片。包括使用命令保存和使用 Ctrl＋S 组合键保存。

（二）计算器工具

Windows 10 自带的计算器程序不仅具有标准计算器的功能，而且集成了编程计算器、科学型计算器和统计信息计算器的高级功能等，如图 2-5 所示。

（1）启动计算器。单击"开始"按钮，选择"所有应用"选项→选择"计算器"命令。

（2）设置计算器的类型。单击计算器左上方的 ≡ 图标按钮，可以切换计算器类型：标准型、科学型、绘图型、程序员型、日期计算型。

（三）截图工具

Windows 10 自带的截图工具不但可以截取屏幕上的图像，而且可以编辑图片，如图 2-6 所示。

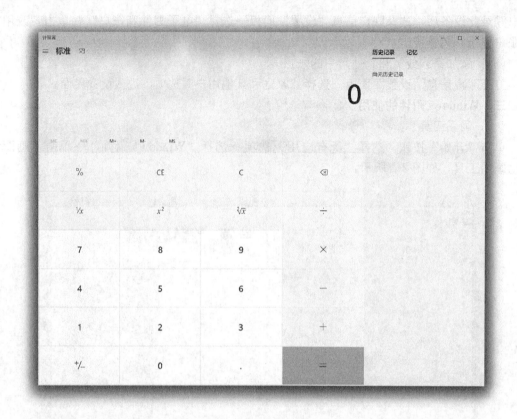

图 2-5　计算器窗口

图 2-6　截图工具窗口

（1）新建截图。单击"开始"按钮，选择"所有应用"选项→选择"截图和草图"命令。

（2）编辑截图。可以简单地编辑截取的图片，包括另存和复制等操作。

四、软件管理

（一）软件的获取方法

安装软件需要有软件安装程序，其一般是 . exe 或 . msi 程序文件。安装程序基本上都是以 setup. exe 或应用程序名＋. msi 命名的。获取软件的途径有以下几种方式。

1. 安装光盘和 U 盘

购买计算机等设备时，都会有配套的光盘；用户也可以自己购买安装光盘和 U 盘。

2. 官方网站下载

官方网站（简称官网）是指团体公开主办的体现其意志想法，并带有专用性质的一种网站。用户可以从相应的官网上下载所需的软件。

3. 微软应用商店（Microsoft Store）

Windows 10 中添加了"Microsoft Store"功能，可以在 Microsoft Store 中获取软件安装包。其操作步骤如下：

单击"开始"按钮或按 Windows 键，弹出"开始"菜单，单击"Microsoft Store"磁贴，如图 2-7 所示。

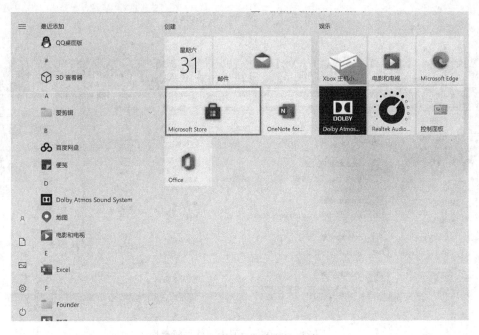

图 2-7　"开始"菜单中的磁贴

Microsoft Store 中包括主页、游戏、娱乐等选项，默认选项为"主页"，用户可根据需要单击其他选项，如图 2-8 所示。进入相关软件的界面后，选择免费"获取"即可。当然收费的应用软件要支付费用才能下载安装。

（二）计算机管理软件

软件管家是一站式下载软件、管理软件的平台。它每天提供最新、最快的免费软件、游戏、主题供用户下载，可让用户大大节省寻找和下载资源的时间。例如，360 安全卫士（见图 2-9）、腾讯电脑管家（见图 2-10）、金山毒霸等。

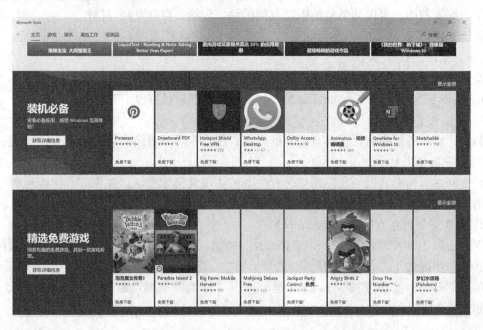

图 2-8　Microsoft Store

图 2-9　360 安全卫士"软件管理"

（三）安装软件

插入安装光盘（U 盘）或下载好软件安装包之后，就可以安装软件到计算机中了。安装软件时，需要使用安装包中的 .exe 文件。

图 2-11 所示为 Office 光盘映像。下面以安装 Office 2016 软件为例，介绍安装软件的具体操作步骤。

图 2-10　腾讯电脑管家"软件管理"

图 2-11　Office 光盘映像

◎ 步骤 1　将光盘放入计算机的光驱中，并在"此电脑"窗口中打开该光驱，可看到光盘中的文件。

◎ 步骤 2　双击打开 Office 安装程序"setup. exe"，会弹出如图 2-12 所示的 Office 启动界面，表示安装程序准备中。

◎ 步骤 3　安装程序准备好后，即可进行安装，安装进程如图 2-13 所示，其中显示了安装的 Office 组件。

◎ 步骤 4　安装完成后，提示"一切就绪！Office 当前已安装"，表示 Office 已成功安装，如图 2-14 所示。单击"关闭"按钮，关闭安装对话框。

（四）更新和升级软件

软件不是一成不变的，而是一直处于升级和更新状态。特别是杀毒软件的病毒库，一直在升级。

（1）软件更新。软件更新是指软件版本的更新，如 QQ 的更新。软件更新一般分为自动更新和手动更新两种。

图 2-12　Office 安装启动

图 2-13　Office 安装进程图

（2）软件升级。软件升级是指软件更新数据库的过程。对于常见的杀毒软件，常常需要升级病毒库，如 360 杀毒软件升级杀毒库。软件升级也分为自动升级和手动升级。

（五）卸载软件

当安装的软件不再需要时，就可以将其卸载以便腾出更多的空间来安装需要的软件。

1. 使用自带的卸载组件

有些软件自带卸载组件，单击"开始"按钮，在"所有应用"选项中选择需要卸载

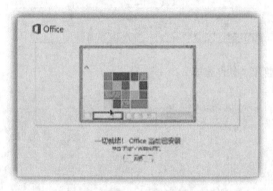

图 2-14　Office 安装完成

的软件，在展开的列表中选择对应的卸载命令，进行卸载。

Windows 10 用户也可右击"开始"按钮→选择"应用和功能"命令，打开"设置"面板，选择对应的软件进行卸载。

例如，卸载腾讯 QQ 的步骤：单击"开始"按钮，选择"所有应用"选项→选择"腾讯软件"→选择"卸载腾讯 QQ"命令。

2. 使用第三方软件卸载

用户还可以使用第三方软件（如 360 软件管家等）来卸载不需要的软件。

3. 使用设置面板卸载

Windows 10 推出了"设置"面板，其集成了控制面板的主要功能，因此用户也可在"设置"面板中卸载软件。其操作步骤为：

按 Win＋I 组合键，打开"Windows 设置"面板（见图 2-15）。单击"应用"选项→进入"应用和功能"设置面板→在应用列表中，选择要卸载的程序，单击程序下方的"卸载"按钮（见图 2-16）→在弹出的提示框中，单击"卸载"按钮→弹出"用户账户控制"对话框，单击"是"按钮→弹出软件卸载对话框，用户根据提示卸载软件即可。

（六）管理输入法

输入法是指为了将各种符号输入计算机或其他设备而采用的编码方法。

1. 输入法的种类

利用键盘输入汉字的解决方案有区位码、拼音、表形码和五笔字型等。Windows 10 内置了目前普遍使用的两种输入法——拼音输入法和五笔字型输入法。

图 2-15　"Windows 设置"面板

图 2-16　"应用和功能"设置面板

2. 安装内置输入法

◎ 步骤 1　单击"开始"按钮，打开"开始"菜单。

◎ 步骤 2　单击"开始"菜单上的"设置"按钮，打开"Windows 设置"面板，如图 2-17 所示。

图 2-17　打开"Windows 设置"面板

◎步骤 3　单击"Windows 设置"面板上的"时间和语言"按钮，打开"语言"设置面板，如图 2-18 所示。

◎步骤 4　若"语言"设置面板中无"中文（简体，中国）"语言选项，则：

◎步骤 4.1　单击图 2-18 中"添加语言"按钮；

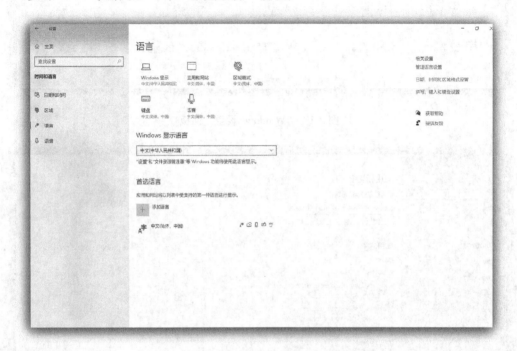

图 2-18　"语言"设置面板

图 2-19　选择要安装的语言

◎步骤 4.2　打开如图 2-19 所示的对话框，找到并选择"中文（中华人民共和国）"；

◎步骤 4.3　单击图 2-19 中的"下一步"按钮，在之后打开的窗口中勾选"可选语言功能"选项，单击"安装"按钮。

◎步骤 5　单击如图 2-20 所示的"语言"设置面板上的"选项"按钮。

◎步骤 6　单击图 2-21 中的"添加键盘"按钮，单击要安装的键盘。

◎步骤 7　如果需要删除输入法，在"语言"设置面板上单击要删除的输入法，选择"删除"按钮即可，如图 2-22 所示。

3. 安装第三方输入法

如果不习惯 Windows 10 的内置输入法，Windows 10 允许安装第三方输入法，如"搜狗拼音""腾讯拼音"等。

◎步骤 1　到开发输入法的官网下载安装程序。

◎步骤 2　下载之后，双击安装程序。

图 2-20　"语言"设置面板　　　　　　　　图 2-21　添加键盘

图 2-22　删除输入法

◎ 步骤 3　根据安装向导执行安装。

4. 输入法的切换

（1）输入法的切换。按 Windows＋"空格"组合键，可以快速切换输入法；单击桌面右下角通知区域的输入法图标，在弹出的输入法列表中，单击鼠标进行选择，也可完成输入法切换。

（2）中英文的切换。按 Shift 键或 Ctrl＋"空格"组合键可切换中英文模式。

第 3 章　Word 2016 文字信息处理

　　文字信息处理，简称字处理，就是利用计算机对文字信息进行加工处理，其处理过程大致包括以下三个环节：①文字录入，即利用键盘或其他输入手段将文字信息输入到计算机内部，也就是将普通文字信息转换成计算机认识的数字信息，以便计算机识别和加工处理；②加工处理，即利用计算机中的文字信息处理软件对文字信息进行编辑、排版、存储、传送等处理，以制作成人们所需要的表现形式；③文字输出，即将制作好的机内表现形式用计算机的输出设备转换成普通文字形式输出给用户。

　　利用计算机处理文字信息，需要有相应的文字信息处理软件。目前微机上常用的文字信息处理软件有微软公司的 Word、金山公司的 WPS 等。其中，Word 是微软公司推出的办公自动化套装软件 Microsoft Office 中的一个组件，是目前应用最广、普及率最高的文字信息处理软件。使用 Word 软件，可以进行文字、图形、图像、声音、动画等综合文档编辑排版，可以和其他多种软件进行信息交换，可以编辑出图、文、声并茂的文档。Word 的人机界面友好，使用方便直观，具有"所见即所得"的特点，因此深受用户青睐。

　　微软公司先后推出了多个 Word 软件版本，主要有 Word 97、Word 2003、Word 2010、Word 2013、Word 2016 和 Word 2019 等。目前使用较为普遍的是 Word 2016 和 Word 2019 版。尽管 Word 软件在不断地升级，但其操作界面大同小异，掌握了其中一个版本的基本操作，学习新版本就会非常容易。本章以 Word 2016 为软件环境，全面、系统地介绍了 Word 在文字信息处理中的应用。

教学目的和要求

- 了解文字信息处理软件；
- 能够熟练掌握 Word 2016 的启动与退出，掌握 Word 2016 的窗口组成；
- 能够熟练掌握文档的基本操作，包括创建文档、文本输入、插入符号、文档保存、文档打开与保护；
- 能够熟练掌握文档的编辑，包括选择文本，复制、剪切与粘贴，查找与替换；
- 能够熟练掌握文档的排版，包括文档的视图、字符格式化、段落格式化、页面格式化，了解样式与模板；
- 能够熟练创建表格、编辑表格、调整表格、设计样式、计算与排序；
- 能够熟练掌握图文编排，包括插入剪贴画、图片、艺术字，绘制图形，使用文本框；
- 了解文档的打印；
- 了解目录创建、邮件合并及宏的使用，掌握数学公式排版、超链接、截屏功能等。

重点与难点

　　文档的基本操作，文档的编辑、排版，表格处理，图文混排，数学公式排版，超链接。

任务 3.1　　了解和定制 Word

【案例 3.1】自定义快速访问工具栏和功能区

公司职员小陈经常要使用 Word 软件写一些工作报告。在写报告的过程中，某些命令或按钮使用频率非常高，如新建文档、打开文档、打印预览等，而且还总是需要另存为 2003 版本的 .doc 文档，以便能用低版本的 Word 应用程序打开。小陈想把这些经常使用的按钮添加到快速访问工具栏里，这样办公速度就会提高很多。另外，小陈还经常使用"制表位""边框和底纹"等功能，这些命令并不直接呈现在功能选项卡中，因此他想自己建一个功能选项卡，放置一些自己常用的命令。请根据小陈的要求进行如下设置：

（1）给快速访问工具栏添加"新建""打开""打印预览和打印"及"Word 97-2003 文档"工具按钮。

（2）新建功能选项卡，包含"等腰三角形"和"弧形"按钮。

一、预备知识

（一）Word 2016 概述

1. Word 2016 的主要功能特点

（1）所见即所得。优秀的屏幕显示功能，使得打印效果在屏幕上一目了然。

（2）直观式操作。工具栏和标尺显示在窗口内，利用鼠标就可以轻松地进行选择、排版等各项操作。

（3）图文混排。可以插入剪贴画或图片、艺术字，可以绘制图形，可以使用艺术字使文字的显示更加美观。

（4）强劲的制表功能。在文档中绘制表格，不仅可以运用 Word 中的命令实现制表，而且可以运用"绘制表格"工具栏灵活地进行手动制表。另外，还可以运用边框和底纹的各种形状和多种组合，极大地增强表格的美观性。

（5）模板。Word 中文版含有多种文档模板，可以帮助简化文字信息处理的排版作业。

（6）强大的打印功能。Word 提供了打印预览功能，具有对打印机各方面参数的强大支持性和可配置性。

（7）强大的网络协作功能。Word 提供了创建 Web 文档和电子邮件的功能，可以很方便地把文档超级链接到因特网（Internet），也可以很方便地使用 Word 发送电子邮件。

2. Word 2016 的新增功能

（1）协同工作功能。Word 2016 新加入了协同工作功能，只要通过共享功能选项发出邀请，就可以让其他使用者一同编辑文档，而且每个使用者编辑过的地方都会出现提示，以便让所有人都可以看到哪些段落被编辑过。对于需要合作编辑的文档，这项功能非常有效。

（2）搜索框功能。在 Word 2016 界面的右上方可以看到一个搜索框，在搜索框中输入想要搜索的内容，搜索框就会给出相关命令，这些都是标准的 Word 命令，直接单击某一命令即可被执行。对于对 Word 操作不熟练的用户来说，这会方便很多。例如，搜索"字体"可以看到 Word 给出的字体相关命令，如果要进行字体设置则单击"字体设置"选项，这时会弹出"字体"对话框，进而可以对字体进行设置，如图 3-1 所示。

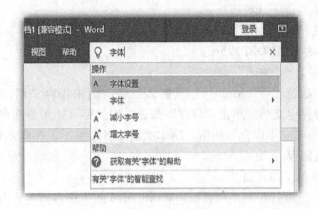

图 3-1　搜索框功能

（3）云模块与 Word 融为一体。用户可以指定云作为默认存储路径，也可以继续使用本地硬盘储存。值得注意的是，由于"云"同时也是 Windows 10 的主要功能之一，因此 Word 2016 实际上是为用户打造了一个开放的文档处理平台，通过手机、iPad 或其他客户端，用户可随时存取刚刚存放到云端的文档，如图 3-2 所示。

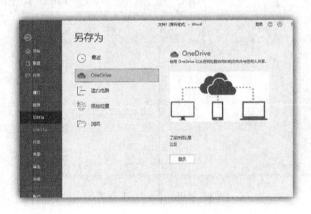

图 3-2　云模块

（4）"插入"菜单增加了"应用程序"标签。"插入"菜单增加了一个"应用程序"标签，里面包含"应用商店""我的应用"两个按钮。这里是微软公司和第三方开发者共同开发的一些应用 App，类似于浏览器扩展，主要是为 Word 提供一些扩充性功能。例如，用户可以下载一款检查器，帮助检查文档的断字或语法问题等。

（二）Word 2016 的启动和退出

1. 启动 Word 2016

启动 Word 2016 有以下几种方法：

（1）从开始菜单中启动。单击"开始"→"程序"→"Microsoft Office"→"Microsoft Office Word"。

（2）从"桌面快捷方式"启动。双击桌面上显示的"Microsoft Word 2016"快捷方式图标。

（3）打开 Word 文档启动。双击 Word 文档图标，即可启动"Microsoft Word 2016"。

2. 退出 Word 2016

退出 Word 2016 有以下几种方法：

（1）单击标题栏右侧的关闭按钮×。

（2）按 Alt＋F4 组合键关闭 Word。

（3）执行"文件"→"关闭"命令。

无论使用哪种方法退出 Word 2016，只要做了修改而未保存文档，都会弹出一个对话框，让用户确定是否保存文档。单击"保存"按钮，则保存（如果是新建文档，还要给出保存位置及文件名）；单击"不保存"按钮，则本次的编辑结果不予存盘；单击"取消"按钮，则取消此次操作，返回 Word。

（三）Word 2016 的工作界面

启动 Word 2016 后将打开其工作界面，Word 2016 的工作界面主要由标题栏、快速访问工具栏、"文件"选项卡、功能区、文档编辑区和状态栏等组成，如图 3-3 所示。

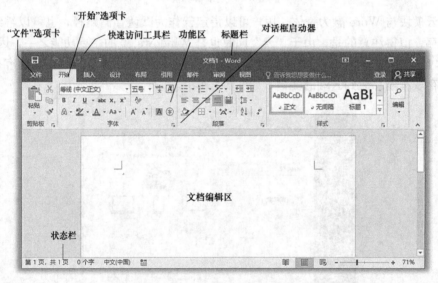

图 3-3　Word 2016 工作界面

1. 标题栏

标题栏位于 Word 工作界面的顶端，用于显示当前应用程序的名称和正在编辑的文档名称。标题栏右侧有 4 个控制按钮，第一个为"功能区显示选项"按钮，后面 3 个用来实现程序窗口的最小化、最大化（或还原）和关闭操作。

2. 快速访问工具栏

快速访问工具栏是 Word 工作界面标题栏左侧的区域，该区域可以放置一些常用的操作命令按钮，用户可以根据需要进行自定义设置。

3. "文件"选项卡

"文件"选项卡位于 Word 2016 工作界面的左上角，单击"文件"选项卡可以打开"文件"窗口，其中包括"信息""新建""打开""保存""另存为""打印""共享""导出""关闭""账户""反馈"和"选项"选项卡等。"文件"选项卡分为左、中、右 3 个区域。左侧区域为命令选项区，该区域列出了与文档有关的操作命令选项。在该区域选择某个选项后，中间区域将显示该类命令选项的可用命令按钮。在中间区域选择某个命令后，右侧区域将显示其下级命令按钮或操作选项。右侧区域也可以显示与文档有关的信息，如文档属性信息、打印预览或预览模板文档内容等。

4. 功能区

功能区有"开始""插入""设计""布局""引用""邮件""审阅""视图""帮助"等选项卡。

（1）"开始"选项卡包括"剪贴板""字体""段落""样式"和"编辑"几个组，主要用于帮助用户对 Word 2016 文档进行文字编辑和格式设置，是用户最常用的选项卡。

（2）"插入"选项卡包括"页面""表格""插图""应用程序""媒体""链接""批注""页眉和页脚""文本"和"符号"几个组，主要用于在 Word 2016 文档中插入各种元素。

（3）"设计"选项卡包括"文档格式"和"页面背景"两个组，主要用于文档的格式及背景设置。

（4）"布局"选项卡包括"页面设置""稿纸""段落"和"排列"四个组，主要用于帮助用户设置 Word 2016 文档的页面样式。

（5）"引用"选项卡包括"目录""脚注""引文与书目""题注""索引"和"引文目录"几个组，主要用于实现在 Word 2016 文档中插入目录等比较高级的功能。

（6）"邮件"选项卡包括"创建""开始邮件合并""编写和插入域""预览结果"和"完成"几个组，该选项卡的作用比较专一，专门用于在 Word 2016 文档中进行邮件合并方面的操作。

（7）"审阅"选项卡包括"校对""语言""中文简繁转换""批注""修订""更改""比较"和"保护"几个组，主要用于对 Word 2016 文档进行校对和修订等操作，适用于多人协作处理 Word 2016 长文档。

（8）"视图"选项卡包括"文档视图""显示""显示比例""窗口"和"宏"几个组，主要用于帮助用户设置 Word 2016 窗口的视图类型，以方便操作。

（9）"帮助"选项卡只有"帮助"一个组，主要用于帮助用户反馈和解决使用 Word 2016 中遇到的问题，并向用户提供显示培训内容。

5. 对话框启动器

单击功能区分组右下方的 按钮，便可打开一个与该组功能相关的、更为详细的选项或设置对话框。

6. 文档编辑区

文档编辑区显示正在编辑的文档的内容。

7. 状态栏

状态栏位于 Word 2016 工作界面的最底部，用于显示当前文档的编辑状态（如页码、字数统计、修改、语言等），页面显示方式及调整页面显示比例等。在状态栏上单击鼠标右键，在弹出的快捷菜单中即可选择需要在状态栏中显示的相关选项。

二、案例实现

（一）自定义快速访问工具栏

给快速访问工具栏添加"新建""打开""打印预览和打印"及"Word 97-2003 文档"工具按钮，其效果如图 3-4 所示。

图 3-4　自定义快速访问工具栏的效果

◎ 步骤1　单击"快速访问工具栏"右侧的下拉按钮，在下拉列表中依次勾选"新建""打开"和"打印预览和打印"命令，如图3-5所示。

◎ 步骤2　在"快速访问工具栏"的下拉框中选择"其他命令"，打开"Word选项"对话框，如图3-6所示。在"从下列位置选择命令"中选择"所有命令"，找到"Word 97-2003文档"命令，单击中间的"添加"按钮后可看见此命令已经添加到右侧"自定义快速访问工具栏"下方的列表框中。最后单击"确定"按钮即可。

利用"Word 97-2003文档"按钮可快速另存为扩展名为".doc"的Word文档。

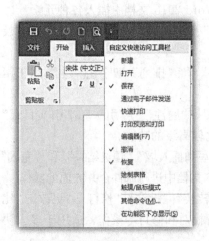
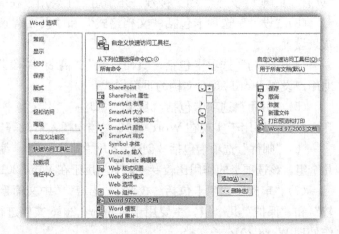

图3-5　自定义快速访问工具栏　　　　　　图3-6　"Word选项"对话框

（二）自定义功能区

自定义功能区是指对功能区的选项卡、组和命令按钮进行自行定义、添加或删除。通过自定义功能区，用户可以在Word 2016工作界面增加新的选项卡与功能组，将自己常用的一些功能命令放在一个选项卡或组中集中管理。

需要新建的功能选项卡包含"等腰三角形"和"弧形"按钮。

◎ 步骤1　单击"文件"选项卡，选择"选项"，打开"Word选项"对话框。在该窗口左侧栏中单击"自定义功能区"选项，首先在右侧的"自定义功能区"列表框中选择功能区的位置，如选择"插入"主选项卡，然后单击"新建选项卡"按钮，创建一个新的自定义选项卡，如图3-7所示。

◎ 步骤2　选中新建的自定义选项卡，单击"重命名"按钮，打开"重命名"对话框后，在"显示名称"文本框中输入选项卡名称"我的"，然后单击"确定"按钮。

◎ 步骤3　鼠标右键单击"新建组（自定义）"选项，在弹出的菜单中单击"重命名"选项，打开"重命名"对话框，在"显示名称"文本框中输入新建组名称"绘制"，然后单击"确定"按钮。

◎ 步骤4　向自定义的功能组中添加命令。在"从下列位置选择命令"下拉列表中选择"不在功能区中的命令"选项，下面的列表框中会显示不在功能区的命令。选择需要的命令"等腰三角形"，单击"添加"按钮即可将该命令添加到右侧的自定义组中；再选择需要的命令"弧形"，单击"添加"按钮即可将该命令添加到右侧的自定义组中。新建的功能选项卡如图3-8所示。

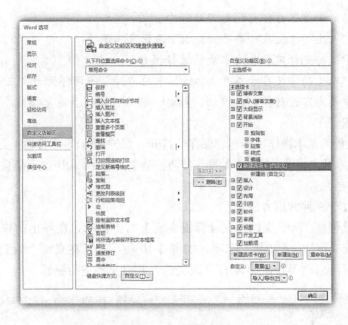

图 3-7　自定义功能区

图 3-8　新建的功能选项卡

任务 3.2　认识和编辑文档元素

【案例 3.2.1】编辑"人生的意义在于奋斗"文档

创建一个名为"人生的意义在于奋斗.docx"的文档，内容如图 3-9 所示，并完成以下操作：

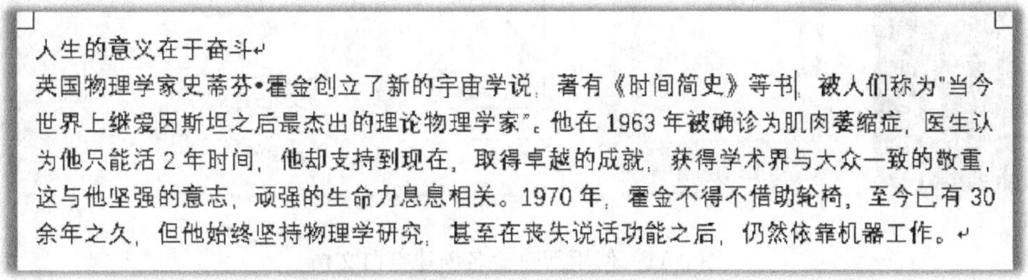

> 人生的意义在于奋斗
> 英国物理学家史蒂芬·霍金创立了新的宇宙学说，著有《时间简史》等书，被人们称为"当今世界上继爱因斯坦之后最杰出的理论物理学家"。他在 1963 年被确诊为肌肉萎缩症，医生认为他只能活 2 年时间，他却支持到现在，取得卓越的成就，获得学术界与大众一致的敬重，这与他坚强的意志，顽强的生命力息息相关。1970 年，霍金不得不借助轮椅，至今已有 30 余年之久，但他始终坚持物理学研究，甚至在丧失说话功能之后，仍然依靠机器工作。

图 3-9　文字内容

（1）完成文档的命名，并保存到指定路径中。

（2）对文档"人生的意义在于奋斗.docx"设置密码保护。

（3）在文档中进行光标定位和文本块的选择操作。

（4）将文档"人生的意义在于奋斗.docx"中的"30"一词替换为"三十"。

（5）对文档中的内容进行复制、剪切、粘贴、删除、撤销和恢复操作。

一、预备知识

掌握 Word 文档的基本操作（新建、保存、打开、保护文档），掌握输入文本，选择、插入、删除文本，编辑文本及文档视图等基本的操作技巧，是学习 Word 2016 文字信息处理的前提。

（一）新建文档

新建文档有以下三种常用方法：

（1）在桌面上创建 Word 文档。在计算机桌面上右击鼠标，在弹出的快捷菜单中依次单击"新建""Microsoft Word 文档"选项，如图 3-10 所示，可在桌面上看到新建的 Word 文档，双击文档图标可启动 Word 2016 打开该文档，并对文档进行编辑。

图 3-10　在桌面上创建新文档

（2）使用新建命令创建空白文档。启动 Word 2016 后，单击"文件"选项卡，单击"新建"按钮，单击"空白文档"即可新建 Word 文档，如图 3-11 所示。

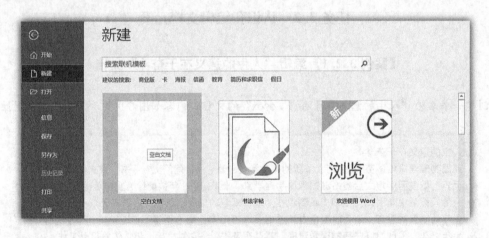

图 3-11　使用新建命名创建空白文档

（3）使用本机上的模板新建文档。启动 Word 2016 后，单击"文件"选项卡，单击"新建"按钮，单击"书法字帖"模板即可新建 Word 文档，在弹出的对话框中选择喜欢的字体，进行字符的增减即可生成一个新的 Word 文档，如图 3-12 所示。

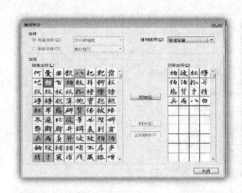

图 3-12　使用本机上的模板新建文档

（二）保存文档

文档创建或修改好后，如果不保存，就不能被再次使用，我们应养成随时保存文档的好习惯。在 Word 2016 中需要保存的文档有未命名的新建文档、已保存过的文档、需要更改名称的文档、格式文档或存放路径的文档，以及自动保存的文档等。

1. 保存新建文档

在第一次保存新建文档时，需要设置文档的文件名、保存位置和格式等，然后将其保存到计算机中。单击"快速访问工具栏"上的"保存"按钮，或单击"文件"选项卡，在打开的列表中选择"保存"选项，在右侧的"另存为"区域单击"浏览"按钮，在弹出的"另存为"对话框中设置保存路径和保存类型并输入文件名称，然后单击"保存"按钮，如图 3-13所示。

图 3-13　保存新建文档

2. 另存为文档

对已保存过的文档编辑后，如果希望修改文档的名称、格式或存放路径等，则可以使用"另存为"命令，对文档进行保存。单击"文档"选项卡，在打开的列表中选择"另存为"选项，进入"另存为"界面，双击"这台电脑"选项，在弹出的"另存为"对话框中输入要保存的文件名，并选择要保存的位置，然后在"保存类型"下拉列表框中选择

"Word 97-2003 文档"选项，单击"保存"按钮，即可将该文档保存为 Office 2003 兼容的模式，如图 3-14 所示。

图 3-14　另存为 Word 97-2003 文档

3. 自动保存文档

在编辑文档时，Word 2016 会自动保存文档。系统会根据设置的时间间隔，在指定时间对文档进行自动保存。在非正常关闭 Word 的情况下，用户可以恢复最近保存的文档状态。默认的"保存自动恢复信息时间间隔"为 10 分钟，用户可以选择"文件"→"选项"→"保存"选项，在"保存文档"区域的"保存自动恢复信息时间间隔"微调框中设置时间间隔，如"5"分钟，如图 3-15 所示。

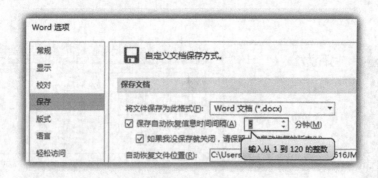

图 3-15　设置"保存自动恢复信息时间间隔"

（三）打开文档

Word 2016 提供了多种打开已有文档的方法，下面介绍几种常用的方法。

（1）双击已有文档图标打开文档。在要打开的文档图标上双击即可启动 Word 2016 并打开该文档。

（2）使用"打开"命令打开文档。启动 Word 2016，依次单击"文件""打开"选项。在"打开"页面双击"这台电脑"选项或单击"浏览"选项，打开"打开"对话框，选定要打开的文档后单击"打开"按钮，即可将文档打开，如图 3-16 所示。

图 3-16　使用"打开"命令打开文档

（3）打开最近使用过的文档。启动 Word 2016，单击"文件"选项卡，在其下拉列表中选择"打开"选项，在右侧的"最近"区域就列出了最近使用过的文档名称，选择将要打开的文件名称，即可快速打开最近使用过的文档，如图 3-17 所示。

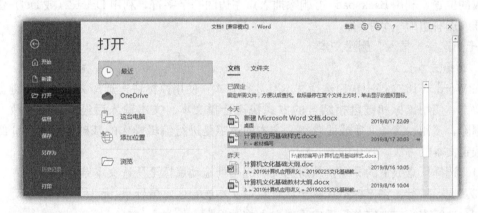

图 3-17　打开最近使用过的文档

（四）保护文档

完成文档编辑后，其他用户也可以打开并查看文档内容，为了防止重要内容被泄露，可以为文档加密。首先打开需要加密的文档，单击"文件"→"信息"→"保护文档"→"用密码进行加密"命令，在弹出的"加密文档"对话框中输入密码，单击"确定"按钮，如图 3-18 所示。保存并关闭文档后，再执行打开命令，将会弹出"密码"对话框，需要在文本框中输入设置的密码并单击"确定"按钮，才能打开该文档。

图 3-18　保护文档

（五）关闭文档

关闭文档的方法主要有：

（1）单击标题栏右边的"关闭"按钮。

（2）选择"文件"选项卡下的"关闭"选项。

（3）在标题栏中单击鼠标右键，在弹出的快捷菜单中选择"关闭"选项。

（4）按 Alt＋F4 组合键快速关闭文档。

（5）在"快速访问工具栏"左侧位置单击鼠标左键，选择"关闭"选项，或者直接在该位置处双击鼠标左键，关闭文档。

（六）输入文本

单击语言栏图标，从展开的下拉列表中选择输入法，此时若单击"中文（简体，中国） - 搜狗拼音输入法"选项，输入拼音会出现需要的汉字或词语列表，利用数字键或方向键←、→可以选择正确的汉字或词语。如果输入的内容有错误或者需要修改，应将光标插入点移至需要修改的位置，利用 Backspace 可删除插入点左边的一个字符，利用 Delete（或 Del）键可以删除插入点右边的一个字符。

（七）选择、插入、删除文本

1. 选择文本

在 Word 2016 文档中快速选择文本有 3 种方式：使用鼠标快速选择文本，使用键盘快速选择文本，使用鼠标和键盘相结合的方式快速选择文本。文本输入后经常需要修改，如插入、删除、复制、移动文字或段落等。文本的选定是进行编辑操作的基础。这里仅介绍利用鼠标选定文本的方法，常用的有：

（1）选择任意数量的文字。从所选文本起始处拖动鼠标至所选文本结束处。

（2）选择一行。将鼠标指针移至该行左端文本选定区，鼠标呈 ⁄ 形时，单击鼠标。

（3）选择多行。选定首行后向下或向上拖动鼠标。

（4）选择一段。将鼠标指针移至该段左端文本选定区，双击鼠标。

（5）选择行块。单击文本块起始处，然后按住 Shift 键，最后单击文本块结束处。

（6）选择列块。按住 Alt 键拖动鼠标。

（7）选择整篇文档。将鼠标指针移至文本选定区三击，或使用 Ctrl＋A 组合键，或单击"开始"→"编辑选择"→"全选"命令。

2. 插入文本

将插入点移至文档中的某一位置即可插入新的文字。如果要插入新的段落，则要先使用 Enter 键插入空行，再输入文字。

有时需要插入的文本可能来自另外的文件，这时可以使用"插入"→"对象"→"文件的文字"命令来进行操作，详细操作步骤参见案例实现。

3. 删除文本

选定欲删除的文本，按 Delete 键或 Backspace 键即可将其删除。在没有选定文本时，按 Delete 键将删除光标插入点后的字符，按 Backspace 键将删除光标插入点前的字符。

（八）文本编辑

在编辑文档的过程中，如果发现有些内容在文档中所处的位置不合适或者需要多次重复出现，这时可以使用文档的移动、复制、查找和替换功能。

1. 移动文本

移动文本有以下两种方法：

（1）拖动鼠标来移动文本。先用鼠标选中要移动的文本，然后按住鼠标左键不放，拖动选中的文本至恰当位置时再松开鼠标，此时选中的文本已经移至新的位置。

（2）使用"剪切"命令来移动文本。选中要移动的文本，单击鼠标右键，在弹出的菜单中单击"剪切"命令。找到目标位置，单击鼠标右键，在弹出的菜单里单击"粘贴"命令即可。

2. 复制文本

复制文本是指将文档中的部分或全部内容拷贝一份放到其他位置，而被拷贝的内容仍然保留在原来的位置。复制文本是最常见的操作之一，复制文本的方法大致有以下几种：

（1）使用功能键来复制文本。打开文档，选中要复制的文本，单击鼠标右键，在弹出的快捷菜单中单击"复制"命令，在目标位置单击鼠标右键，在弹出的快捷菜单中单击"粘贴"命令来完成文本复制。

（2）使用"复制"按钮来复制文本。选中要复制的文档，切换到"开始"选项卡，单击"剪贴板"组中的"复制"按钮，然后在目标位置单击"粘贴"按钮即可。

（3）使用组合键来复制文本。选中要复制的文本，按 Ctrl＋C 组合键来复制文本，然后在目标位置按 Ctrl＋V 组合键来粘贴文本。

3. 查找和替换文本

在编辑文档时，用户经常需要查找或替换一些内容。这种情况下，使用"查找和替换"功能可以节省不少的时间。下面就来介绍下这方面的内容。

（1）查找文本。单击"开始"选项卡下"编辑"组中的"查找"按钮，或者直接使用 Ctrl＋F 组合键来调出"导航"对话框。在"搜索"文本框中，输入要查找的内容，就能显示查询结果。

（2）替换文本。如果用户想要替换相关文本，可以单击"开始"选项卡下"编辑"组中的"替换"按钮，或者按 Ctrl＋H 组合键来打开"查找和替换"对话框。在"查找内容"文本框中输入需要被替换掉的内容（如"你好"），在"替换为"文本框中输入替换后的内容（如"您好"），单击"替换"按钮即可；如果需要将全部相同的内容都替换掉，则单击"全部替换"按钮，如图 3-19 所示。

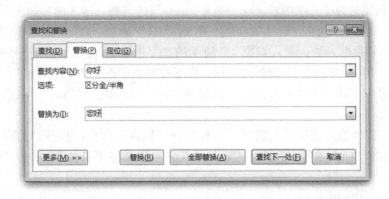

图 3-19　查找和替换

4. 改写文本

改写文档内容时，首先用鼠标选中要改写的文本内容，然后输入需要的文本。这时新输入的内容就会自动替换被选中的文本。

（九）文档视图

Word 2016 为用户提供了五种视图模式以满足用户的不同需求。这五种视图模式分别为阅读视图、页面视图、Web 版式视图、大纲视图、草稿视图，如图 3-20 所示。

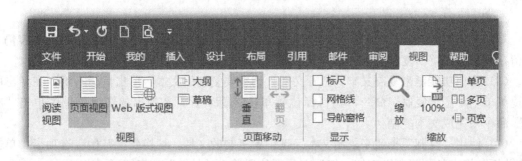

图 3-20　五种文档视图

（1）阅读视图。阅读视图是专为方便阅读所设计的视图模式。在这种视图模式下，不能编辑文档。

（2）页面视图。页面视图可以显示 Word 2016 文档的打印外观，包括页眉、页脚、页边距、分栏设置、图形对象等元素。

（3）Web 版式视图。Web 版式视图是以网页的形式显示文档，这种文档模式适合发送电子邮件和创建网页。

（4）大纲视图。以大纲的形式来显示整篇文档，用户可以迅速了解文档的结构和内容梗概。在这种视图模式下，用户可以在文档中创建标题和移动整个段落。

（5）草稿视图。在草稿视图模式下，页边距、分栏、页眉、页脚等都被取消，仅仅显示标题和正文，这使得文本内容更加突出，便于用户进行快捷编辑。

二、案例实现

（一）创建文档

在桌面上创建名为"人生的意义在于奋斗.docx"的文档，输入内容如图 3-9 所示。

◎ 步骤 1　选择"开始"→"Microsoft Word 2016"命令，启动 Word 2016。

◎ 步骤 2　切换输入法，录入如图 3-9 所示的文字内容。输入"·"符号时，单击"插入"→"符号"组→"符号"下拉列表按钮，在下拉列表中选择"其他符号"，打开"符号"对话框，再选择"字体"→"Wingdings"，找到"·"后，单击"插入"按钮，完成该字符的输入。

◎ 步骤 3　文档输入完毕后，选择"文件"→"保存"命令，打开"另存为"对话框，在左侧窗格中选择桌面，并在名称框中输入"人生的意义在于奋斗"，单击"保存"按钮，将文档保存。

（二）设置密码保护

对文档"人生的意义在于奋斗.docx"设置密码保护。

◎ 步骤 1　选择"文件"→"另存为"→"浏览",打开"另存为"对话框,在对话框的右下角单击"工具"→"常规选项",打开"常规选项"对话框。

◎ 步骤 2　在"打开文件时的密码"和"修改文件时的密码"文本框中输入密码。密码可以是字母、数字、空格和符号的任意组合,每输入一个字符就显示一个星号。

◎ 步骤 3　单击"确定"按钮后,会打开"确认密码"对话框,再次输入密码后,单击"确定"按钮,密码即设置成功,同时会返回到"另存为"对话框。

◎ 步骤 4　单击"保存"按钮,将文档保存。

(三)完成光标定位和文本块的选择操作

◎ 步骤 1　打开"人生的意义在于奋斗.docx"文档,寻找正文区的光标,将鼠标定位到光标闪烁处,确定当前输入位置。

◎ 步骤 2　用键盘方向控制键→、←、↑和↓移动位置。

◎ 步骤 3　单击新位置,并移动光标,以改变当前输入位置。

◎ 步骤 4　选择"开始"→"编辑"→"替换",打开"查找和替换"对话框,从中选择"定位"选项卡。

◎ 步骤 5　单击"定位目标"→"行",在"输入行号"下输入"3",然后单击"定位"按钮。

◎ 步骤 6　观察当前编辑位置是否在第 3 行。

◎ 步骤 7　使用鼠标选择文本时,将鼠标定位到文本块的第一个字符处,按住左键不放,拖动鼠标到文本块的最后那个字符处,选中的文本将呈蓝底黑字形式。

◎ 步骤 8　使用键盘选择文本时,将光标定位到文本块的首部,同时按住 Shift 键和光标移动键(左移、右移、上移、下移),一直到欲选择的文本块的结尾处,选中的文本同样呈蓝底黑字形式。

◎ 步骤 9　将鼠标指针移到一行最左端的空白位置,当鼠标指针变成指向右上角的箭头时,单击鼠标左键,则该行被选中。

◎ 步骤 10　双击欲选段落最左端的空白位置,将选择一个段落。

◎ 步骤 11　鼠标左键三击正文区最左端的空白位置,将选择整个文档。

◎ 步骤 12　在"开始"选项卡中选择"编辑"→"选择"→"全选",将选择整个文档。

◎ 步骤 13　按 Ctrl+A 组合键,将选择整个文档。

(四)完成"30"一词替换为"三十"

◎ 步骤 1　打开"人生的意义在于奋斗.docx"文档,将光标定位在文档开头处。

◎ 步骤 2　在"开始"选项卡中选择"编辑"→"替换",打开"查找和替换"对话框。

◎ 步骤 3　选择"替换"选项卡,在"查找内容"栏中输入"30",在"替换为"栏中输入"三十",然后单击"替换"按钮将完成一次替换。

◎ 步骤 4　单击"保存"按钮,保存文档。

(五)完成复制、剪切、粘贴、删除、撤销和恢复操作

◎ 步骤 1　打开"人生的意义在于奋斗.docx"文档。

◎ 步骤 2　单击标题行"人生的意义在于奋斗"最左端的空白位置,以选中标题行。

◎ 步骤 3　在"开始"选项卡中选择"剪贴板"→"复制",进行标题的复制;也可直接按 Ctrl+C 组合键进行复制。

◎ 步骤 4　将光标定位到第二行的首部，在"开始"选项卡中选择"剪贴板"→"粘贴"下拉列表→"保留源格式"，将标题内容粘贴到当前光标位置，即可增加新行；也可直接按 Ctrl＋V 组合键进行粘贴。

◎ 步骤 5　单击第二行"英国物理学家"最左端的空白位置，选中该行，再使鼠标指针指向所选中的标题行并单击右键，在快捷菜单中选择"剪切"命令；或直接按 Ctrl＋X 组合键进行剪切操作。该行消失后，光标移动到第四行首部，再执行快捷菜单中的"粘贴"→"保留源格式"命令，可再现消失的文字。

◎ 步骤 6　如果想撤销本次操作，可以单击快速工具栏中的撤销按钮，或按 Ctrl＋Z 组合键；如果想恢复已经撤销的本次操作，可以单击恢复按钮，或按 Ctrl＋Y 组合键。

◎ 步骤 7　选中文档中的字符，按 Delete 键，可对所选中的文本内容进行整体删除。

【案例 3.2.2】健身体验问卷调查的制作

健体中心为了做好客户体验反馈信息的收集工作，希望在客户上完第一次体验课后填写一张"健身体验问卷调查"，这样就可以跟踪服务了。问卷调查的主要内容已写在"体验内容调查.docx"中，请创建新文档输入文本完善问卷内容，然后按下面的要求进行各项操作以完成排版工作：

（1）创建新文档，输入"尊敬的先生……谢谢！"三段内容。

（2）对"尊敬的先生……谢谢！"三段，设置字体格式为"黑体、五号"。"优质"两字格式为"小四、加粗、蓝色、缩放 150％、加宽 1.2 磅"。

（3）对"尊敬的先生……谢谢！"三段，设置段落格式为"左右缩进 1 厘米，1.5 倍行距，段后间距 0.5 行"，第二、第三段设置为"首行缩进 2 字符"。

（4）插入"体验内容调查.docx"文件。

（5）"体验调查问卷"文字格式为"黑体、二号"，文本效果为"渐变填充-蓝色，强调文字颜色 1，轮廓-白色，强调文字颜色 2"，居中对齐。其余文字格式为"宋体、小四"。

（6）对"姓名……健身目的"六段设置适当大小的项目符号，并添加下划线，要求下划线右对齐。

（7）对"您以前是否……您是否有其他疑问"七条问题设置自动编号。

（8）将该文档以"健身体验问卷调查.docx"为文件名存盘。

该文档排版后的效果如图 3-21 所示。

一、预备知识

（一）输入特殊字符

在 Word 2016 文档中输入符号和输入普通文本有些不同，虽然有些输入法也带有一定的特殊符号，但是 Word 的符号样式库提供了更多的符号供文档编辑使用。直接选择这些符号就能插入文档中。将光标置于要插入符号的位置，切换到"插入"选项卡，单击"符号"组中的"符号"按钮，再单击"其他符号"按钮，打开"符号"对话框，在"符号"选项卡中展开的下拉列表中选择要插入的符号，如单击"带圈数字 1"选项，选定后单击"插入"按钮，就插入了"带圈数字 1"符号，如图 3-22 所示。

图 3-21　"体验调查问卷"的排版效果

图 3-22　插入特殊字符

(二)字符格式化

1. 设置字体

将无格式的文本输入文档中后,可以根据需要规范文档内容,对文档中的字体进行设置。在 Word 2016 中,字体默认为"宋体、五号、黑色",用户可以根据自己的需要对其进行修改。

2. 设置字体格式

设置字体格式的方法主要有以下三种：

（1）根据需要，单击文档"开始"选项卡下"字体"组中的相应按钮来改变字体格式，如图 3-23 所示。

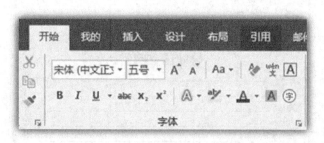

图 3-23 "开始"选项卡"字体"功能区

（2）单击"开始"选项卡下"字体"组右下角的"对话框启动器"按钮，在弹出的"字体"对话框中对字体格式进行编辑，最后单击"确定"按钮即可，如图 3-24 所示。

（3）用浮动工具栏设置字体格式。当用户选中要设置的文本时，所选文本的右上角会弹出一个浮动工具栏。用户可根据需要，单击对应的按钮来设置字体格式。

3. 设置字符间距

字符间距主要是指文档中字与字之间的距离。通过设置文档中的字符间距，可以使文档的页面布局更符合实际要求。其具体的操作步骤是：选中需要编辑的文字部分，打开"字体"对话框，切换到"高级"选项卡，在"字符间距"一栏下，可以根据需要设置字体的"缩放""间距"和"位置"等，如图 3-25 所示。

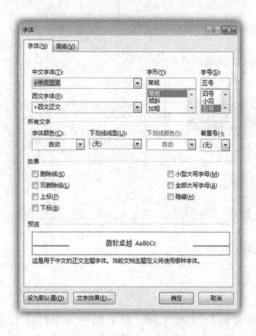

图 3-24 "字体"对话框

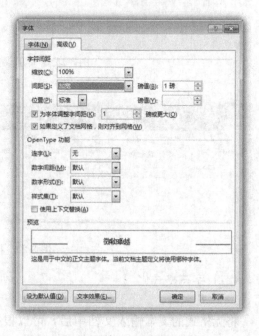

图 3-25 "字体"对话框"高级"选项卡

4. 设置文字效果

选中要设置的文本，单击"开始"选项卡下"字体"组中的"文本效果和版式"按钮，在弹出的列表中，选择合适的文本效果。

（三）段落格式化

用户为文档文本设置了字体格式后，还可以为文本设置段落格式。设置文档段落格式主要包括设置段落的对齐方式、设置段落的缩进、设置行间距和段落间距等。

1. 设置段落的对齐方式

对齐方式就是段落中文本的排列方式。Word 中的对齐方式有 5 种，分别是左对齐、右对齐、居中对齐、两端对齐和分散对齐。设置对齐方式的方法有以下几种：

图 3-26 "段落"组

（1）用户可以通过工具栏中"段落"组中的各种对齐方式按钮来设置对齐方式，如图3-26所示。

（2）选中文档中需要编辑的文字，单击"开始"选项卡下"段落"组右下角的"对话框启动器"按钮，打开"段落"对话框，选择"缩进和间距"选项卡，在"常规"一栏中单击"对齐方式"右侧的下拉按钮，在弹出的列表中选择需要的对齐方式。

2. 设置段落的缩进

段落缩进是指文档中段落的首行缩进、悬挂缩进、段落的左右边界缩进等。我们以设置首行缩进为例来讲解设置段落缩进的方法。单击"开始"选项卡下"段落"组右下角的"对话框启动器"按钮，弹出"段落"对话框，切换到"缩进和间距"选项卡，单击"缩进"栏下"特殊格式"文本框的下拉按钮，在弹出的列表中选择"首行缩进"选项，在"缩进值"文本框中输入"2 字符"，最后单击"确定"按钮即可。

3. 设置段落的行间距

段落的行间距包括段落与段落之间的距离、段落中行与行之间的距离。用户可以用以下方法来设置文档的段落行间距：

（1）选中需要编辑的文本，单击"段落"组右下角的"对话框启动器"按钮，弹出"段落"对话框，切换到"缩进和间距"选项卡，在"间距"一栏的"段前"和"段后"微调框中分别设置合适的值。

（2）选中要编辑的文本，在工具栏"段落"组中单击"行和段落间距"按钮，弹出一个下拉列表，从中选择合适的数值，如图 3-27 所示。

（四）添加项目符号和编号

合理添加项目符号和编号能美化文档，使文档的结构层级更有条理，更方便阅读。

1. 添加项目符号

打开文档，选中需要编辑的文本，切换到

图 3-27 设置行间距

"开始"选项卡,单击"段落"组中"项目符号"右侧的下拉按钮,从弹出的下拉列表中选择可添加的项目符号(如选择"圆形"),文本中就插入了这种项目符号,如图3-28所示。

2. 添加项目编号

用户如果需要为文档添加项目编号,则需单击"段落"组中"添加项目编号"右侧的下拉按钮,从下拉列表中选择合适的项目编号即可,如图3-29所示。

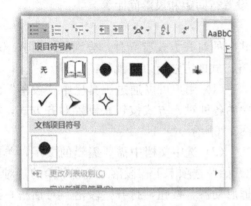

图3-28　添加项目符号 　　　　　　　　　图3-29　添加项目编号

二、案例实现

(一)创建新文档

单击"文件"→"新建"命令,或者单击快速访问工具栏上的"新建"按钮。如果快速访问工具栏上没有直接显示"新建"按钮,则在快速访问工具栏的下拉菜单中选择"新建"命令即可。

(二)输入文字

切换成中文输入法,输入如图3-30所示的内容。

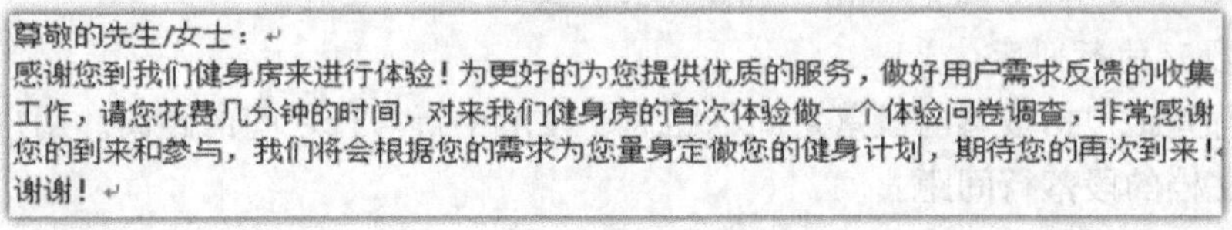

> 尊敬的先生/女士:
> 感谢您到我们健身房来进行体验!为更好的为您提供优质的服务,做好用户需求反馈的收集工作,请您花费几分钟的时间,对来我们健身房的首次体验做一个体验问卷调查,非常感谢您的到来和参与,我们将会根据您的需求为您量身定做您的健身计划,期待您的再次到来!谢谢!

图3-30　输入文字

(三)插入文件

将插入点移动到文本最后,单击Enter键,另起新段。然后单击"插入"→"文本"→"对象"→"文件中的文字"命令,如图3-31所示。打开"插入文件"对话框,选择文件所在的文件夹,再选中文件"体验内容调查.docx",单击"插入"按钮即可。

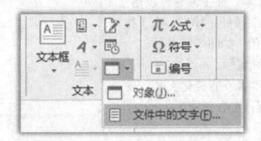

图3-31　插入"文件中的文字"命令

（四）插入特殊字符

◎ 步骤 1　把插入点移动到"．．．．．．．．．．．．．．．．．．．．"虚线位置前，单击"插入"→"符号"→"其他符号"命令，打开"符号"对话框，如图 3-32 所示。

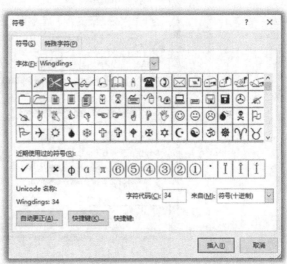

图 3-32　插入所需特殊字符

◎ 步骤 2　在此对话框中选择"符号"选项卡，在"字体"下拉列表框中选择"Wing-dings"，这时在"符号"选项卡中出现"✂"符号，选择该符号。

◎ 步骤 3　单击"插入"按钮，该符号即可插入所需处。

◎ 步骤 4　单击"关闭"按钮，关闭"符号"对话框。

◎ 步骤 5　同理，将插入点移动到所需位置，插入"□"符号。

（五）字符格式化和段落格式化

◎ 步骤 1　选择"尊敬的先生…谢谢！"三段，从"开始"→"字体"组的"字体"下拉框中选择"黑体"，在"字号"下拉框中选择"五号"。

◎ 步骤 2　单击"开始"→"段落"组的"对话框启动器"按钮，打开"段落"对话框，选择"缩进和间距"选项卡，如图 3-33 所示，设置段落格式为左右缩进 1 厘米，1.5 倍行距，段后间距 0.5 行。选择第二、第三段，在"段落"对话框中设置首行缩进 2 字符。

◎ 步骤 3　选择"优质"两字，单击"开始"→"字体"组的"对话框启动器"按钮，打开"字体"对话框，选择"字体"选项卡，设置字体格式为"小四、加粗、蓝色"，如图 3-34 所示；选择"高级"选项卡，设置缩放 150%、间距加宽 1.2 磅，如图 3-35 所示。

◎ 步骤 4　选择"体验调查问卷"六字，设置为"黑体、二号"；单击"开始"→"字体文本效果"按钮，在下拉框中选择第二行第三个样式"渐变填充"，如图 3-36 所示，并调整文字为居中对齐。

◎ 步骤 5　选择其余文字，设置为"宋体、小四"；单击"段落行和段落间距"按钮，在下拉框中选择 1.5，如图 3-37 所示。

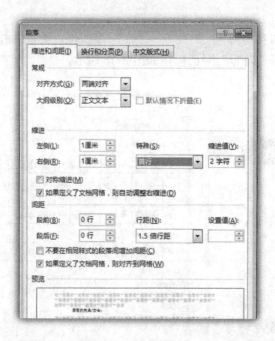

图 3-33 "段落"对话框

图 3-34 "字体"对话框

图 3-35 "字体"对话框"高级"选项卡

（六）插入项目符号

选择"姓名……健身目的"六段，单击"开始"→"段落"→"项目符号"下拉按钮，选择"□"项目符号即可。

（七）插入自动编号

◎ 步骤 1 选择"您以前是否……"和"请您对我们的环境"两段，单击"开始"→"段落编号"下拉按钮，选择相应编号即可。

◎ 步骤 2 选择"您对我们的课程……"一段，单击"编号"按钮，此时插入的编号默认为重新编号，从 1 开始，单击旁边的"自动更正选项"按钮，选择"继续编号"，则编号变为"3"。如果没有出现"自动更正选项"按钮，则在此段落上右击鼠标弹出快捷菜单，选择"继续编号"即可，如图 3-38 所示。

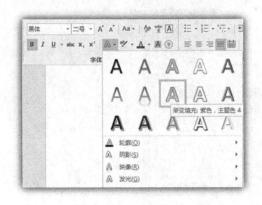

图 3-36 "文本效果"下拉框

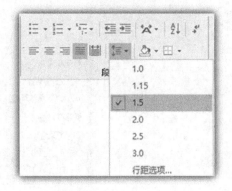

图 3-37 "行距"下拉框

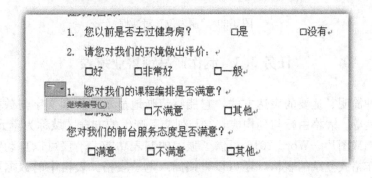

图 3-38 "自动更正选项"按钮

◎ 步骤 3　同理，选择其他问题设置自动编号。

（八）制表位

◎ 步骤 1　选择"姓名……健身目的"六段，单击"开始"→"段落"组的"对话框启动器"按钮，打开"段落"对话框，单击对话框中左下角的"制表位"按钮，打开"制表位"对话框。

◎ 步骤 2　在"制表位位置"中输入 38 字符，在"对齐方式"中选择"右对齐"，在"引导符"中选择"4 ＿＿（4）"，单击"设置"按钮，单击"确定"按钮，如图 3-39 所示。

◎ 步骤 3　将插入点放在"姓名："后面，按 Tab 键，即会出现一条好像下划线的直线；同理在其他段落后也按 Tab 键。"姓名……健身目的"六段的下划直线是右对齐的。

（九）保存文档

单击"文件"→"保存"命令或单击快速访问工具栏中的"保存"按钮，打开"另存为"对话框，选择文件保存位置，默认文件类型为"Word 文档"不变，输入文件名"健身体验问卷调查 .docx"，最后单击"保存"按钮即可。

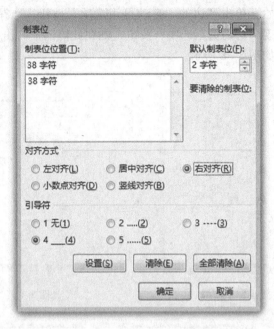

图 3-39 "制表位"对话框

任务 3.3 制作产品销售业绩表

表格是一种简明、扼要的表达方式，它能够清晰地显示和管理文字与数据，如课程表、学生成绩汇总表等。表格由行与列构成，行与列交叉产生的方框区域称为单元格。在单元格中可以输入文档或图片。Word 2016 提供了强大的制表功能，不仅可以自动制作简单表格，也可以手动制作格式复杂的表格，还可以直接插入电子表格。表格中的数据可以自动计算，表格还可以进行各种修饰。

【案例 3.3.1】产品销售业绩表

某电子产品销售公司在上半年结束后，想了解各类产品的销售业务总结，销售部门就必须制作一份上半年的营业额统计表，即产品销售业绩表。该表应包含各类产品的名称，工作阶段（也就是时间，如 1～6 月），公司的计划销售业绩与实际销量，销量合计，并对销量进行排序等，其效果如图 3-40 所示。

一、预备知识

（一）创建表格

表格是由多个行或列的单元格组成，用来展示数据或对比情况的。用户可以在表格中添加文字。Word 2016 中有多种创建表格的方法，用户可以自主选择。

1. 自动插入表格

使用"表格"菜单可以自动插入表格，但一般只适合创建规则的、行数和列数较少的表格。用这种方式最多可以创建 8 行、10 列的表格。将鼠标光标定位在需要插入表格的地方，单击"插入"→"表格"按钮，在出现的网格中按住鼠标左键进行拖动，此时在文档当前的插入点位置会同步显示一个用户所选定行数与列数的表格。沿网格向右拖动鼠标指针可定义表格的列数，沿网格向下拖动鼠标指针可定义表格的行数。松开鼠标指针后，当前插入点位置出现一个用户所选定行数与列数的表格，如图 3-41 所示。

产品销售业绩表								
月份 / 产品		七月	八月	九月	十月	十一月	十二月	合计
冰箱	计划	43	32	64	23	20	15	197
冰箱	实际	34	40	35	24	15	9	157
空调	计划	56	43	32	43	15	10	199
空调	实际	58	32	43	65	10	16	224
电视机	计划	32	33	45	63	50	50	273
电视机	实际	43	45	67	45	55	48	303
洗衣机	计划	23	21	10	12	30	28	124
洗衣机	实际	12	11	12	10	28	18	91
合计	计划	154	129	151	141	115	103	793
合计	实际	147	128	157	144	108	91	775

图 3-40　产品销售业绩表的效果

2. 使用"插入表格"命令创建表格

在 Word 文档中将插入点置于要插入表格的位置，单击"插入"→"表格"→"插入表格"，打开"插入表格"对话框，如图 3-42 所示。在"表格尺寸"区域分别设置表格的行数和列数，在"自动调整"操作区域可以进一步进行设置。如果选择"固定列宽"单选框，则可以设置表格的固定列宽尺寸；如果选中"根据内容调整表格"单选框，则单元格宽度会根据输入的内容自动调整；如果选中"根据窗口调整表格"单选框，则所插入的表格将充满当前页面的宽度。如果选中"为新表格记忆此尺寸"复选框，则再次创建表格时将使用当前尺寸。设置完毕，单击"确定"按钮，即可在 Word 文档中插入一张空表格。

3. 绘制表格

当用户需要创建不规则的表格时，可以使用表格绘制工具来手动绘制表格，甚至绘制斜线。单击"插入"→"表格"→"绘制表格"按钮，将鼠标指针移到文档页面上时，鼠标指针变成 。按住鼠标左键，利用笔形指针，可任意绘制横线、竖线或斜线组成的不规则表格，如图 3-43 所示。要删除某条表格线时，可在"布局"选项卡中单击"橡皮擦"按钮，拖动鼠标指针经过要删除的线，可将其删除。绘制表格完成后，按 Esc 键或在"布局"选项卡中单击"绘制表格"按钮，则会取消绘制表格状态。

4. 文本转换成表格

在创建表格时，有时需要将文档中现有的文本内容直接转换成表格，操作步骤详见案例实现。

5. 快速创建表格

Word 2016 提供了"快速表格"创建功能，其中含许多已经设计好的表格样式，只需选择所需的样式，就可以轻松插入一张表格。将插入点置于文档中要插入表格的位置，选择"插入"→"表格"→"快速表格"，在下拉列表中选择需要的样式，即可插入样式固定的表格。

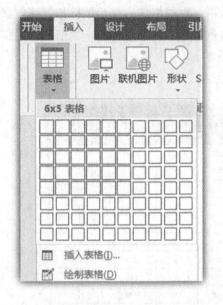

图 3-41 自动插入表格　　　　　　　图 3-42 "插入表格"对话框

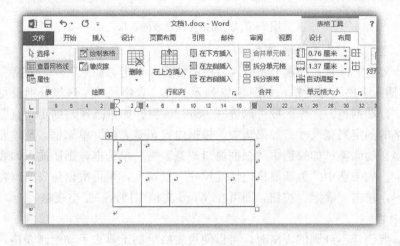

图 3-43 绘制不规则表格

6. 插入电子表格

在 Word 2016 中，可以通过直接插入 Excel 电子表格来创建表格。将插入点置于文档中要插入表格的位置，选择"插入"→"表格"→"Excel 电子表格"命令，在出现的 Excel 电子表格编辑区域中可以输入数据并进行计算排序等操作。在编辑区域外单击鼠标左键，即可在文档中插入一个电子表格。此时插入的电子表格也具有数据运算等功能。

(二) 编辑表格

表格创建好之后，可以随时向表格中填入所需内容，也可以对表格样式进行修改，如对表格结构进行编辑、插入/删除行与列、插入/删除单元格、合并与拆分单元格等。

1. 输入文本

在表格中输入文本，先要将插入点定位在表格中的相应单元格中，即先要用鼠标单击该单元格；也可以使用键盘上的上、下、左、右方向键或 Tab 键在各单元格间移动和定位插入点，然后输入文本。输入的文本到达单元格的右边线时会自动换行，并且会增加行高。

2. 单元格、行、列和表格的选定

（1）选中某个单元格。将鼠标指针移到单元格的最左边，鼠标指针变成右向黑色箭头 ，此时单击鼠标即可选定该单元格。

（2）选中某些单元格。将鼠标指针移到第 1 个单元格，按下左键拖动鼠标到最后一个单元格，松开鼠标左键即可。

（3）选定行。将鼠标指针移到行的左外侧，鼠标指针变成向右指向的箭头 ，此时单击鼠标，即可选定指针所指的行。如果按住左键向上或向下纵向拖动鼠标，即可选定连续的若干行。

（4）选定列。将鼠标指针移到列的最上沿，鼠标指针变成向下的黑色箭头 ，此时单击鼠标，即可选定指针所指的列。如果按住左键向左或向右横向拖动鼠标，即可选定连续的若干列。

（5）选定整个表格。用鼠标单击表格中的任一单元格，在表格的左上角将出现一个内含十字的方框 ，称为表格移动柄。用鼠标单击表格移动柄，即可选定整个表格。

3. 插入行与列

插入行与列有多种方法，下面介绍三种常用的方法：

（1）指定插入行或列的位置，然后单击"表格工具"→"布局"选项卡下"行和列"组中的相应插入方式按钮即可，如图 3-44 所示。

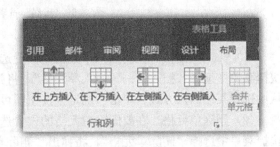

图 3-44　插入"行和列"组

在上方插入：在选中单元格所在行的上方插入一行表格。

在下方插入：在选中单元格所在行的下方插入一行表格。

在左侧插入：在选中单元格所在列的左侧插入一列表格。

在右侧插入：在选中单元格所在列的右侧插入一列表格。

（2）在插入的单元格中指定插入行或列的位置，单击鼠标右键，在弹出的快捷菜单中选择"插入"选项，在其子菜单中选择插入方式即可。

（3）将鼠标移动至想要插入行或列的位置，此时在表格的行与行（或列与列）之间会出现 ⊕ 按钮，单击此按钮即可在该位置处插入一行（或一列），如图 3-45 所示。

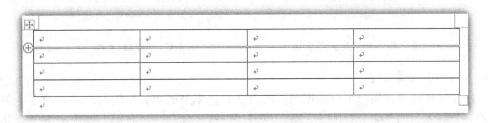

图 3-45　使用 ⊕ 按钮插入行和列

4. 删除行与列

删除行与列有两种常用的方法：

（1）选择需要删除的行或列，按 Backspace 键，即可删除选定的行或列。在使用该方法时，应选中整行或整列，然后按 Backspace 键删除，否则会弹出"删除单元格"对话框，提示删除哪些单元格。

（2）选择需要删除的行或列，单击"表格工具"→"布局"选项卡下"行和列"组中的"删除"按钮，在弹出的下拉菜单中选择"删除行"或"删除列"选项即可，如图 3-46 所示。

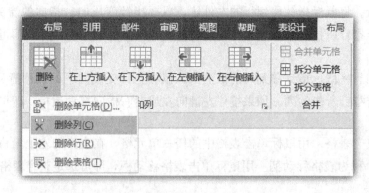

图 3-46　"布局"选项卡下的删除命令

5. 插入/删除单元格

（1）插入单元格。在要插入单元格的位置选定单元格，在选定的单元格中单击右键，在快捷菜单中选择"插入"→"插入单元格"，将弹出"插入单元格"对话框，如图 3-47 所示，从中选择某种插入方式，单击"确定"按钮即可。

（2）删除单元格。在要删除单元格的位置选定单元格，在选定的单元格中单击右键，在快捷菜单中选择"删除单元格"，将弹出"删除单元格"对话框，如图 3-48 所示，从中选择某种删除方式，单击"确定"按钮即可。

图 3-47　插入单元格　　　　　　图 3-48　删除单元格

6. 合并和拆分单元格

（1）合并单元格。用户可以根据制作的表格，把多余的单元格进行合并，使多个单元格合并成一个整体。选择要合并的单元格，单击"表格工具"→"布局"选项卡下"合并"组中的"合并单元格"按钮，即可把选中的单元格合并为一个，如图 3-49 所示。

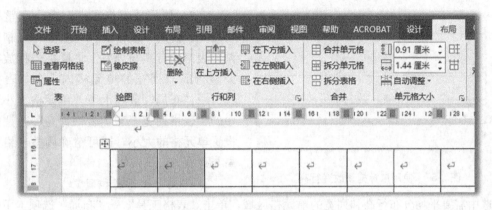

图 3-49　合并单元格

（2）拆分单元格。拆分单元格就是将选中的单个单元格拆分成多个，也可以对多个单元格进行拆分。将鼠标光标移动到要拆分的单元格中，单击"表格工具"→"布局"选项卡下"合并"组中的"拆分单元格"按钮，弹出"拆分单元格"对话框，单击"列数"和"行数"微调框右侧的上下按钮，分别调节单元格要拆分成的列数和行数，还可以直接在微调框中输入数值，这里设置"列数"为"3"，"行数"为"2"，单击"确定"按钮，即可将单元格拆分成 2 行、3 列的单元格，如图 3-50 所示。

图 3-50　拆分单元格

（三）表格调整

文档中的表格可以根据需要进行调整。在 Word 2016 中，不仅可以对表格中的行和列进行调整，还可以对整个表格进行调整。

1. 调整表格的行高和列宽

（1）在 Word 2016 中，可以使用自动调整行高和列宽的方法调整表格。单击"表格工具"→"布局"选项卡下"单元格大小"组中的"自动调整"按钮，在弹出的下拉列表中选择相应选项即可。

（2）利用鼠标光标调整表格的行高与列宽。用户可以使用拖动鼠标的方法来调整表格的行高与列宽，这种方法比较直观，但是不够精确。这里以表格的行高为例，将鼠标指针移动到要调整的表格的行线上，鼠标指针会变为上下双向箭头，单击鼠标左键并向下或向上拖动，在移动的方向上会显示一条虚线来指示新的行高，移动指针到合适的位置，松开鼠标左键，即可完成对所选行的行高的调整，如图 3-51 所示。

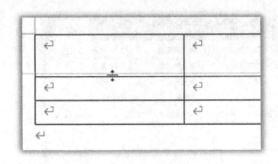

图 3-51　使用鼠标拖动改变行高

（3）使用"表格属性"命令调整行高与列宽。使用"表格属性"命令可以精确地调整表格的行高与列宽。将鼠标光标放在要调整行高与列宽的单元格内，在"表格工具"→"布局"选项卡下"单元格大小"组中的"表格列宽"和"表格行高"微调框中设置单元格的大小，即可精确调整表格的行高与列宽。

2. 平均分布行高和列宽

选中需要平均分布行高和列宽的单元格区域，单击"表格工具"→"布局"选项卡下"单元格大小"组中的"分布行"按钮，即可平均分布选中的行的高度；单击"表格工具"→"布局"选项卡下"单元格大小"组中的"分布列"按钮，即可平均分布选中的列的宽度。

3. 绘制斜线表格

选中需要绘制斜线的单元格，单击"表格工具"→"布局"选项卡下"绘图"组中的"绘制表格"按钮，在该单元格中绘制斜线直至满意为止，按 Esc 键退出表格绘制模式。

4. 表格的整体移动和缩放

（1）移动表格。将鼠标指针移到表格左上角的表格移动柄⊞上，按住鼠标左键移动鼠标，即可移动表格。

（2）调整整个表格尺寸。将鼠标指针置于表格上，直到表格缩放控制点出现在表格的右下角，将鼠标指针停留在表格缩放控制点上，出现双向箭头时，按住鼠标左键并将表格的边拖动到所需尺寸。

5. 拆分表格

把鼠标光标放在要进行拆分的单元格上，单击"表格工具"→"布局"选项卡下"合并单元格"组中的"拆分表格"按钮，即可从放置鼠标的单元格处把表格拆分为两个表格。

6. 删除表格

将鼠标指针移到表格左上角的表格移动柄⊞上，单击"全选表格"，单击"表格工具"→"布局"选项卡下"行和列"组中的"删除"按钮，在弹出的下拉菜单中选择"删除表格"即可，如图 3-46 所示。

（四）表格格式的设置

1. 自动套用样式

Word 2016 提供了多种表格样式，用户可以通过使用表格自动套用样式快速编排表格。无论是新建的空表，还是已经输入数据的表格，都可以使用表格自动套用格式。选择"表格工具"→"表设计"→"表格样式"，选择已经提供的可以自动套用的样式；或者单击"修改表格样式"，可以对选定的样式的属性和格式进行修改。

2. 表格中文本的格式

选择要进行排版的表格内部文本，单击"开始"选项卡下"字体"组中的按钮，进行文本格式设置，这与 Word 文档中的文本排版方式相同。

3. 单元格文本的对齐方式

Word 2016 对表格中的文本设置了 9 种对齐方式。选择要进行对齐设置的表格内部文本，单击"表格工具"→"布局"→"对齐方式"，选择一种对齐方式即可。除此之外，"对齐方式"组中还设置了修改"文字方向"按钮和自定义"单元格边距"按钮。

4. 设置表格的对齐方式

Word 2016 对表格设置了 3 种对齐方式：左对齐、居中和右对齐。选择整个表格，单击"表格工具"→"布局"→"表"→"属性"按钮，在弹出的"表格属性"对话框中选择对齐方式即可。

5. 设置表格的边框和底纹

创建一个新表时，Word 2016 默认表格边框使用 0.5 磅的黑色单实线。为了使表格更加悦目，可以给表格加上色彩，对表格的边框线条和单元格底纹进行设置。

（1）边框。在 Word 2016 中，用户不仅可以在"表格工具"功能区设置表格边框，还可以在"边框和底纹"对话框中设置表格边框。在表格中选择需要设置边框的单元格或整个表格，单击"表格工具"→"表设计"→"边框"组中的"边框"下拉按钮，从中选择"边框和底纹"，打开"边框和底纹"对话框。切换到"边框"选项卡，如果选择"无"，则表示被选中的单元格或整个表格不显示边框；如果选择"方框"，则表示只显示被选中的单元格或整个表格的四周边框；如果选择"全部"，则表示被选中的单元格或整个表格显示所有边框；如果选择"虚框"，则表示被选中的单元格或整个表格四周为粗边框，内部为细边框；如果选择"自定义"，则表示被选中的单元格或整个表格由用户根据实际需要自定义设置边框的显示状态，而不局限于上述 4 种显示状态。在"边框样式"列表中选择边框的样式，在"笔颜色"中选择边框使用的颜色，在"粗细"中选择边框的粗细。在"预览"

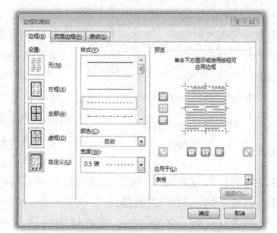

图 3-52　表格"边框和底纹"对话框

区域中单击某个方向的边框按钮，可以确定是否显示该边框。设置结束，单击"确定"按钮，如图 3-52 所示。

（2）底纹。与边框的操作方式类似，在打开的"边框和底纹"对话框中切换到"底纹"选项卡，可以对填充的颜色、填充图案的样式及填充应用的范围进行设置，设置结束，单击"确定"按钮即可。

（五）表格的计算与排序

排序和计算属于表格处理功能，这方面微软公司提供了另外一个功能更加强大的电子表格处理软件，即本书第 5 章要介绍的 Excel。为了方便用户能在制作 Word 文档时直接对一些简单表格进行排序和计算，Word 也提供了简单的计算和排序功能，但在易用性和功能性方面要逊色得多，因此这里只做简单介绍，更多的内容请参阅第 5 章。

1. 表格的计算

Word 2016 提供了简单的表格计算功能，可以完成加、减、乘、除、求平均值、求最大值和求最小值等运算，利用函数或公式可以计算表格单元格中的数值。

2. 表格的排序

利用排序功能，可以对表格中的数据按照字母顺序对所选文字进行排序，详细操作步骤见案例实现。

二、案例实现

（一）创建新文档并进行页面设置

新建空白 Word 文档，单击"布局"→"页面设置"→"纸张方向"，设置为"横向"。在文档中输入表格题目"产品销售业绩表"，设置字体格式为"华文楷体、三号、加粗、居中"。

（二）创建表格

图 3-53 "插入表格"
对话框

创建一个 8 列×10 行表格：单击"插入"→"表格"组中的"表格"按钮，在弹出的下拉菜单的"插入表格"网格中我们可以看到只能插入最大为 10 列、8 行的表格，所以我们选择用对话框方式插入表格。在弹出的下拉菜单中选择"插入表格"命令，打开"插入表格"对话框，如图 3-53 所示。输入或选择表格的列数为 8，行数为 10，最后单击"确定"按钮即可在插入点创建表格。

插入表格后，功能区将自动显示"表格工具"选项卡。

（三）插入行和列

使表格变成 9 列、11 行的表格：业绩表需要的是 9 列、11 行的表格，我们用菜单插入的是 8 列、10 行的表格，所以需要分别再插入 1 列和 1 行。由于此时表格中无任何文字内容，所以插入点定位在任何一个单元格都可以。单击在表格的行与行之间出现的⊕按钮增加一行，单击在表格的列与列之间出现的⊕按钮增加一列，得到 9 列、11 行的表格。

插入行与列有多种方法，现在使用的是 Word 2016 中新增的方法。

（四）调整表格行高和列宽

用鼠标单击表格中的任一单元格，在表格的左上角将出现表格移动柄⊞，用鼠标单击表格移动柄，选定整个表格，在"布局"→"单元格大小"组中的"高度"栏中输入"0.8 厘米"，再选中第一行，设置其高度为"1.8 厘米"，按 Enter 键即可，如图 3-54 所示。

将鼠标放在第三列的上方，当鼠标变成向下黑色箭头↓时按住左键不放并向右拖动，选择第三至第八列，在"布局"→"单元格大小"组中的"宽度"栏中输入"2 厘米"。用相同的方法设置第一、第二列和第九列的宽度为"3 厘米"。

图 3-54　调整表格的行高和列宽

（五）合并单元格

将插入点定位在第一列、第二行的单元格上。

将鼠标指针移到单元格的最左边，当鼠标指针变成右向黑色箭头█时，左键单击鼠标并向下拖动选中两个连续单元格。

单击"布局"→"合并"→"合并单元格"，将两个单元格进行合并；同理，合并剩下的单元格，如图 3-55 所示。

图 3-55　合并单元格

（六）手工绘制斜线

绘制斜线表头并输入单元格文字内容：

◎ 步骤 1　将插入点定位在左上方第一个单元格中。

◎ 步骤 2　单击"表设计"→"边框"组，单击"边框"按钮，选择"斜下框线"命令，此单元格增加了一条斜下框线。

◎ 步骤 3　在插入点位置输入文字"月份"，单击"开始"→"段落"→"右对齐"；按 Enter 键增加一个新段落，输入文字"产品"，用同样的方法设置为"左对齐"。

◎ 步骤 4　输入单元格文字内容，在输入时可以按 Tab 键快速地在单元格之间切换，如图 3-56 所示。

产品销售业绩表								
月份 产品		七月	八月	九月	十月	十一月	十二月	合计
冰箱	计划	43	32	64	23	20	15	
	实际	34	40	35	24	15	9	
空调	计划	56	43	32	43	15	10	
	实际	58	32	43	65	10	16	
电视机	计划	32	33	45	63	50	50	
	实际	43	45	67	45	55	48	
洗衣机	计划	23	21	10	12	30	28	
	实际	12	11	12	10	28	18	
合计	计划							
	实际							

图 3-56　绘制斜线表头并输入表格文字内容

（七）设置表格中文字对齐方式

◎ 步骤 1　用鼠标单击表格中的任一单元格，在表格的左上角将出现表格移动柄█，用鼠标单击表格移动柄，选定整个表格。

◎ 步骤 2　单击"表格工具"→"布局"→"对齐方式"→"中部居中"按钮。

◎步骤 3　单击"月份"，设置为"右对齐"；单击"产品"，设置为"左对齐"，如图 3-57所示。

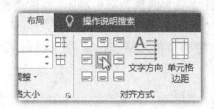

图 3-57　设置表格中文字对齐方式

（八）表格计算

1. 各产品半年的销量合计

◎步骤 1　将插入点定位在冰箱的计划销售合计单元格中，单击"表格工具"→"布局"→"数据"→"公式"，弹出"公式"对话框，显示公式"＝SUM（LEFT）"，这就是对左边的单元格的数据进行求和，单击"确定"按钮，完成冰箱的计划销售合计。

◎步骤 2　用相同的方法完成其他产品的计划和实际销售合计。

2. 每个月所有产品的计划合计和实际销售合计

表格中的每个单元格都对应一个唯一的引用编号。编号的方法是以 1、2、3、…代表单元格所在的行，以字母 A、B、C、D、…代表单元格所在的列，引用编号列号在前、行号在后，如 B6 代表第 6 行第 2 列的单元格。

◎步骤 1　将插入点定位在单元格 C10，单击"表格工具"→"布局"→"数据"→"公式"，弹出"公式"对话框，在公式栏中输入"＝C2＋C4＋C6＋C8"，单击"确定"按钮，完成七月产品计划销售合计。

◎步骤 2　将插入点定位在单元格 C11，单击"表格工具"→"布局"→"数据"→"公式"，弹出"公式"对话框，在公式栏中输入"＝C3＋C5＋C7＋C9"，单击"确定"按钮，完成七月产品实际销售合计。

计算结果如图 3-58 所示。

产品销售业绩表								
产品＼月份		七月	八月	九月	十月	十一月	十二月	合计
冰箱	计划	43	32	64	23	20	15	197
	实际	34	40	35	24	15	9	157
空调	计划	56	43	32	43	15	10	199
	实际	58	32	43	65	10	16	224
电视机	计划	32	33	45	63	50	50	273
	实际	43	45	67	45	55	48	303
洗衣机	计划	23	21	10	12	30	28	124
	实际	12	11	12	10	28	18	91
合计	计划	154	129	151	141	115	103	793
	实际	147	128	157	144	108	91	775

图 3-58　表格计算

（九）表格排序

在对表格的数据进行排序时，表格中不能有合并过的单元格。

1. 拆分单元格

将插入点定位在"冰箱"单元格，单击"布局"→"合并"→"拆分单元格"，弹出"拆分单元格"对话框，将其拆分为1列、2行，单击"确定"按钮，并复制文本"冰箱"到A3单元格；同理，复制文本"空调"到A5单元格，复制文本"电视机"到A7单元格，复制文本"洗衣机"到A9单元格，复制文本"合计"到A11单元格，如图3-59所示。

图 3-59　拆分单元格

2. 排序

◎ 步骤1　选中"冰箱、空调……洗衣机"八行。

◎ 步骤2　单击"表格工具"→"布局"→"数据"→"排序"按钮，打开"排序"对话框。

◎ 步骤3　在"主要关键字"列表框中选"列9"项，"类型"为"数字""降序"。

"排序"对话框及排序结果如图3-60所示。

图 3-60　排序对话框及排序结果

（十）设置单元格边框和底纹

◎ 步骤1　设置单元格边框。将插入点定位在任何一个单元格，单击"表设计"→"边框"→在"笔样式"下拉菜单中选择"双实线"，选择粗细为"0.5 磅"，选择笔颜色为"蓝色"，然后单击"边框刷"按钮，如图3-61所示，可以直接在单元格边框上进行绘制。

◎ 步骤2　设置底纹。拖动选定需要设置底纹的第一行，单击"表设计"→"表格样式"→"底纹"按钮，选一个颜色进行填充。

（十一）设置表格的居中对齐方式

用鼠标单击表格中的任一单元格，在表格的左上角将出现表格移动柄田，用鼠标单击表格移动柄，选定整个表格。单击"开始"→"段落"→"居中"，即可将整个表格设置在纸张的水平居中位置，如图 3-62 所示。

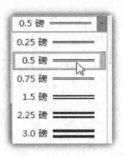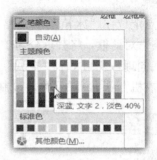

图 3-61　设置单元格边框刷

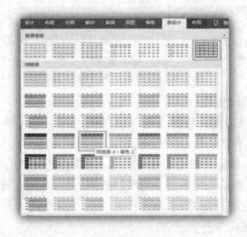

图 3-62　设置表格水平居中

（十二）套用表格样式

◎ 步骤 1　将插入点定位在任一单元格内。

◎ 步骤 2　单击"表格工具"→"设计"→"表格样式"的下拉按钮，在弹出的列表框中选择样式"网格表 4-着色 2"，再加上"斜下框线"，如图 3-63 所示。

图 3-63　套用表格样式

最后，保存文件为"产品销售业绩表"，如图 3-64 所示。

产品 \ 月份		七月	八月	九月	十月	十一月	十二月	合计
电视机	实际	43	45	67	45	55	48	303
电视机	计划	32	33	45	63	50	50	273
空调	实际	58	32	43	65	10	16	224
空调	计划	56	43	32	43	15	10	199
冰箱	计划	43	32	64	23	20	15	197
冰箱	实际	34	40	35	24	15	9	157
洗衣机	计划	23	21	10	12	30	28	124
洗衣机	实际	12	11	12	10	28	18	91
合计	计划	154	129	151	141	115	103	793
合计	实际	147	128	157	144	108	91	775

图 3-64　保存"产品销售业绩表"

【案例 3.3.2】文本与表格互相转换

将"文本转换为表格"，或将"表格转换为文本"，如图 3-65 所示。

产品 七月 八月 九月		产品	七月	八月	九月
冰箱　45 56 78		冰箱	45	56	78
电视机　26 35 24		电视机	26	35	24
洗衣机　21 32 26		洗衣机	21	32	26
空调　25 21 23		空调	25	21	23

图 3-65　文本表格相互转换

　　如果要将文档中原来已有的文本或从其他地方拷贝过来的文本以表格的形式表现出来，可以使用 Word 提供的表格和文字的"转换"功能，快速制作出表格。不过，要转换为表格的文本的排列最好是比较规则的，各数据项之间要有一个明确的分隔标记（可以用空格、制表符、逗号等），每行必须是一个段落，即后面必须有段落符。

一、将文本转换为表格

◎ 步骤 1　输入无格式文本，并选择要转换为表格的文字。

◎ 步骤 2　单击"插入"→"表格"→"将文本转换为表格"命令，打开"将文字转换成表格"对话框，如图 3-66 所示。

　　Word 会自动识别出表格列数，如果识别有误，可

图 3-66　文本转换为表格

以在"列数"后的文本框中指定。

◎ 步骤3　在"自动调整"操作区域选择"根据内容调整表格",则会生成大小合适的表格。

◎ 步骤4　如果 Word 未能正确识别出表格的列数,则在"文字分隔位置"选项中,指定所用的分隔符。

◎ 步骤5　单击"确定"按钮。

二、表格转换为文本

◎ 步骤1　将插入点定位在表格中任一单元格。

◎ 步骤2　单击"表格工具"→"布局"→"数据"→"转换为文本"按钮,弹出"表格转换为文本"对话框,设置"文字分隔符"为"&",如图 3-67 所示。

◎ 步骤3　单击"确定"按钮。

图 3-67　表格转换为文本

任务 3.4　混 排 图 文

一篇图文并茂的文档,不仅看起来生动形象、充满活力,还可以使文档更加美观。在 Word 中可以通过插入艺术字、图片、组织结构图及自选图形等展示文本或数据内容。本任务就以制作校园文化小报为例,介绍在 Word 文档中图文混排的操作。

【案例 3.4.1】校园文化小报

在学院任职多年的班主任小郭想创办一个校园文化小报。如何把各种文字和图片有效地结合在一起才能让学生一目了然呢?

校园文化小报效果如图 3-68 所示。

涉及的知识点包括图片、艺术字、文本框、自选图形、首字下沉、分栏等操作。

一、预备知识

(一)设置页边距和页面大小

1. 设置页边距

设置页边距,包括设置上、下、左、右边距,以及页眉和页脚距页边界的距离。单击"布局"→"页面设置"→"页边距"按钮,弹出标准页边距下拉列表,从中根据需要选择。如果预设的页边距不能满足用户的要求,可以在页边距下拉列表中选择"自定义边距",然后在打开的"页面设置"对话框中进行精确设置。

图 3-68　校园文化小报效果

2. 设置页面大小

单击"布局"→"页面设置"→"纸张大小"按钮，会弹出常用标准纸型规格的下拉列表，并详细标出每种纸型的尺寸。通常情况下，系统默认的纸张类型是 A4，如果需要改为其他类型的纸张，只需选择相应的纸型即可。

（二）艺术字的插入与编辑

在文档排版过程中，若想使文档的标题生动、活泼，可使用 Word 2016 提供的"艺术字"功能，来生成具有特殊视觉效果的标题或文档。

1. 插入艺术字

将插入点移到要插入艺术字的位置，然后单击"插入"→"文本"→"艺术字"按钮，会出现艺术字样式列表，从艺术字样式列表中选择一种艺术字样式，会出现编辑艺术字的文本框，在"请在此放置您的文字"文本框中输入标题文字（中英文均可，而且可以按 Enter 键输入多行文字）；还可以选择"开始"选项卡下"字体"组中的按钮为艺术字设置字号、字体、字型等，以达到字体修饰的目的，输入完毕后按 Enter 键即可，详细操作步骤见案例实现。

2. 编辑艺术字

单击要编辑的艺术字对象，可以像处理图形一样对艺术字进行移动、缩放或删除等操作；还可以利用"形状格式"的"艺术字样式"选项卡对艺术字对象进行编辑，详细操作步骤见案例实现。

（三）图片的插入与编辑

1. 插入图片

用户可以从本地磁盘、网络驱动器或 Internet 将指定的图片文件插入自己的文档中。具体操作方法为：将指针定位到要插入图片的位置，单击"插入"→"插图"→"图片"按钮，出现"插入图片"对话框，从中选择要插入的图片，单击"插入"按钮，即可将选中的图片插入文档中的指定位置。

2. 插入剪贴画

在功能区中单击"插入"选项卡，在"插图"组中单击"联机图片"按钮，打开"联机图片"窗格，在窗格的"Bing 图像搜索"文本框中输入要查找的图片的名称，单击▣按钮，在窗格的列表中将显示所有找到的符合条件的图像，选中所需的图片，单击"插入"按钮即可。

3. 编辑插入的图片

在文档中插入图片后，可以对图片进行编辑和修改，如对图片的位置、大小及文字对图片的环绕方式等进行编辑、修改，也可以对图片进行复制、移动和裁剪等操作。编辑图片可以利用"图片格式"选项卡来实现。

（1）调整图片的大小。单击图片，图片周围将出现 8 个控制点，移动鼠标指针到图片控制点上，当指针显示为双向箭头时，单击并拖动鼠标，将图片边框移动到合适位置，释放鼠标，即可实现图片的整体缩放。要精确调整图片的大小，可单击图片，在"图片格式"选项卡下"大小"组的"高度/宽度"组合框中进行精确调整。

（2）裁剪图片。当插入的图片中包含不需要的内容时可以利用"裁剪"按钮去掉多余的部分。选定需要剪裁的图片，单击"图片格式"→"大小"→"裁剪"按钮，将其鼠标指针移到图片的控制点处单击并拖动鼠标，即可裁剪掉图片中不需要的部分。

（3）设置图片位置。图片插入后，通常要确定图片在文本中的位置，Word 提供了多种图片在文本中的位置。设置图片位置的操作方法如下：选定图片，单击"图片格式"→"排列"→"位置"按钮，从中选择一种方式。

（4）设置文字环绕。图片插入文档后，通常会将文档的文本上下分开。要使插入的图片周围环绕文字，可采用如下操作方法：选定图片，单击"图片格式"→"排列"→"环绕文字"按钮，将弹出文字环绕列表，从中选择一种环绕方式。如果需要进一步细化，可以在列表中选择"其他布局选项"命令，打开"布局"对话框，对图片的位置、文字环绕和大小进行设置。

（四）文本框的插入与编辑

可将"文本框"看成可移动、可调节大小的文本和图形框，其中可以存放文本或图片等。将文字或图片置入文本框后，可以进行一些特殊的编辑，如更改文字的方向、设置文字环绕或设置链接文本框等。文本框可以放置在文档中的任何位置，编辑时应在页面视图下进行，否则看不到效果。如果在其他视图模式下插入文本框，Word 将自动切换至页面视图。

Word 提供了两种类型的文本框：横排文本框和竖排文本框。

1. 插入文本框

单击"插入"→"文本"→"文本框"按钮，出现文本框下拉列表，从中选择一种文本框样式，可快速绘制带格式的文本框。如果没有满意的样式，可以在文本框列表中单击"绘制文本框"或"绘制竖排文本框"，此时光标变成十字形，按住鼠标左键，可在需要的位置插入一个文本框，同时会出现"形状格式"选项卡。

2. 文本框中文字的输入

将插入点置于文本框内，输入文字即可。输入方法与在文档中输入文字的方法相同。

3. 调整文本框大小

要调整文本框的大小，只需选中文本框，使其周围出现 8 个白色空心圆控制点，移动鼠标指针到控制点上，当指针变成双向箭头时，按住鼠标左键并拖动即可。

4. 文本框属性设置

可将文本框作为图形进行处理。与设置图形格式相同，用户对文本框格式进行的设置包括填充颜色、设置边框、调整大小、位置和环绕方式等。可以选中文本框，单击右键，在弹出的快捷菜单中选择"其他布局选项"；也可以选择"形状格式"→"形状样式"，对文本框的属性进行设置。

（五）绘制图形

将插入点移动到要插入绘图画布的地方，选择"插入"→"插图"→"形状"选项，选择一个需要的图形进行绘制，绘制完图形后会出现"形状格式"选项卡，单击"形状样式"组中的按钮即可对图形进行相应的编辑。

（六）分栏

分栏是一种常用的版面划分方法，报纸和杂志在排版时一般都要使用分栏。利用 Word 提供的"分栏"功能，可以方便地将全部或部分文本分成几栏放置在文档页面中。单击"布局"→"页面设置"→"栏"，即可在弹出的菜单中根据需要选择分成几栏。

（七）首字下沉

首字下沉指的是在一个段落中加大段首字符。首字下沉常用于文档或章节的开头，在新闻稿或请帖等特殊文档中经常使用，可以起到增强视觉效果的作用。Word 2016 的首字下沉功能包括下沉和悬挂两种方式。将插入点光标放置到需要设置首字下沉的段落中，在"插入"选项卡的"文本"组中单击"首字下沉"按钮，在打开的下拉列表中选择"下沉"选项，段落将获得首字下沉效果。

（八）段落底纹

在文档中插入段落底纹，可以使相关段落的内容更加醒目，从而增强 Word 文档的可读性。选择需要添加底纹的段落文字，单击"设计"→"页面背景"→"页面边框"，在弹出的"边框和底纹"对话框中选择"底纹"选项卡，设置"填充""图案""应用于"文字或段落，单击"确定"按钮，即可为对应的对象设置好底纹。

（九）页面边框

单击"设计"→"页面背景"→"页面边框"，在弹出的"边框和底纹"对话框中选择"页面边框"选项卡，设置喜欢的样式"应用于"整篇文档，单击"确定"按钮，即可为页面设置好边框。

二、案例实现

（一）页面设置

新建一个空白文档，单击"布局"→"页面设置"→"页边距"→"自定义边距"选项，弹出"页面设置"对话框，单击"页边距"选项卡，设置上、下、左、右边距为 2.5 厘米；单击"纸张"选项卡，设置纸张大小为 A4，如图 3-69 所示。

（二）页面颜色设置

单击"设计"→"页面背景"→"页面颜色"→"填充效果"命令，打开"填充效果"对话框，选择"纹理"→"羊皮纸"，单击"确定"按钮，如图 3-70 所示。

（三）插入空白页

单击"插入"→"页面"→"空白页"，使文档变为两页。

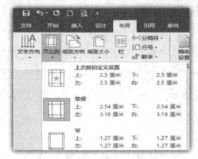

图 3-69　页面设置

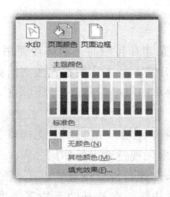

图 3-70　页面颜色设置

（四）制作艺术字"校园"

◎ 步骤 1　单击"插入"→"文本"→"艺术字"，在下拉框中选择第一个样式，打开艺术字输入框，输入"校园"两字，如图 3-71 所示。

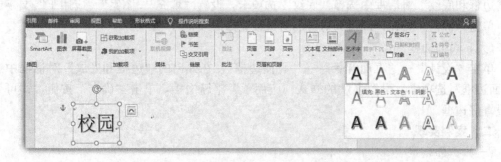

图 3-71　插入艺术字"校园"

◎ 步骤 2　单击艺术字"校园"的边框，单击"开始"→"字体"右下角的"对话框启动器"，在弹出的"字体"对话框中，设置"校园"的字体为"华文琥珀、60"，并加上着重号，如图 3-72 所示。

◎ 步骤 3　选中"校园"艺术字，单击"绘图工具"→"格式"→"艺术字样式"右下角的"对话框启动器"，打开"设置形状格式"窗格，单击"文本选项"→"文本填充与轮廓"→"文本填充"→"渐变填充"，选择"预设渐变"为第一排第一个，"类型"为线性，

"方向"为线性向右，然后单击"渐变光圈"的加号，把渐变的颜色块增加到 7 个，并从左至右分别调整颜色为红、橙、黄、绿、青、蓝、紫，最后调整艺术字位置，如图 3-73 所示。

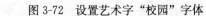

图 3-72　设置艺术字"校园"字体

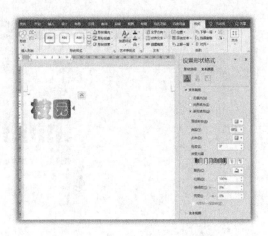

图 3-73　艺术字"校园"的设置

（五）制作艺术字"文化"

◎ 步骤 1　单击"插入"→"文本"→"艺术字"，在下拉框中选择第三排第三个样式，打开艺术字输入框，输入"文化"两字。

◎ 步骤 2　单击艺术字"文化"的边框，单击"开始"→"字体"右下角的"对话框启动器"，在弹出的"字体"对话框中，设置"文化"的字体为"华文隶书、70"，并加双下划线。

（六）自选图形制作

◎ 步骤 1　单击"插入"→"插图"→"形状"→"星与旗帜"→"水平卷形"，绘制一个水平卷形图片。选中水平卷形，单击"格式"→"形状样式"，点开样式列表，选择第四排的"细微效果，水绿色，强调颜色 5"，如图 3-74 所示。

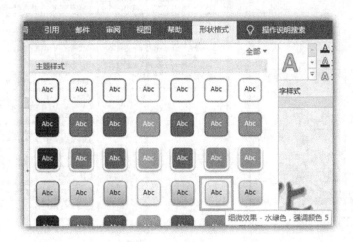

图 3-74　设置形状样式

◎ 步骤 2　在形状上单击右键，输入文字"我是学校的主人，我爱我的家"，设置文字为"宋体、20、橙色"，如图 3-75 所示。

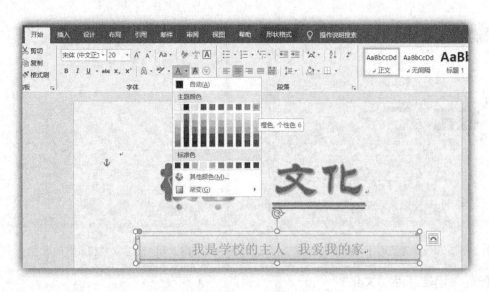

图 3-75　形状中文字的设置

（七）文本框的插入与编辑

◎ 步骤 1　单击"插入"→"文本"→"文本框"→"绘制横排文本框"，绘制两个文本框，并将"校园文化素材.docx"中"校园文化的定义"和"校园文化的功能"里的文字复制到相应文本框，调整标题格式为"宋体、小四、加粗、居中"，调整段落格式为"首行缩进 2 字符"，并给相应的段落加上编号，如图 3-76 所示。

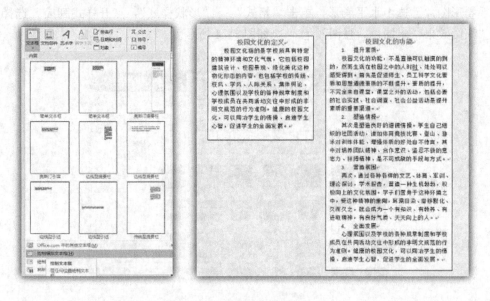

图 3-76　插入文本框并添加文字

◎ 步骤 2　选中"校园文化的定义"文本框，单击"格式"→"形状样式"→"形状填充"，选择"无填充"，单击"形状轮廓"，选择"无轮廓"，如图 3-77 所示。

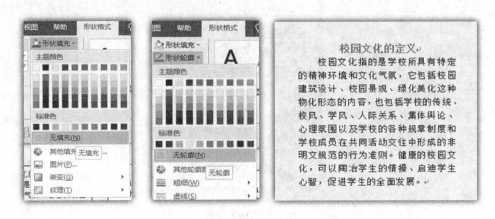

图 3-77　修改文本框为无填充无轮廓

◎ 步骤 3　选中"校园文化的功能"文本框，单击"格式"→"形状样式"右下角的"对话框启动器"，在右边窗格出现的"设置图片格式"栏中选择"填充"，选择"图片或纹理填充"，单击"纹理"按钮，选择"画布"效果；单击"形状格式"→"形状样式"→"形状轮廓"，设置颜色为"橙色"，粗细为"1 磅"，虚线为"短划线"，如图 3-78 所示。

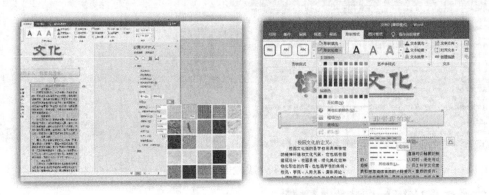

图 3-78　修改"校园文化的功能"文本框

（八）插入形状

单击"插入"→"插图"→"形状"→"星与旗帜"→"垂直卷形"，在左下角绘制一个垂直卷形图形。选中垂直卷形，添加素材文字内容"校园文化的任务"，并单击形状上方的旋转按钮向左旋转一定角度，调整形状的大小和位置，如图 3-79 所示。

（九）段落的底纹设置

将"校园文化的作用"文字素材复制到第二页开头，选择第一段标题"校园文化的作用"，单击"设计"→"页面背景"→"页面边框"，弹出"边框和底纹"对话框，单击"底纹"选项卡，选择"深蓝，文字 2，淡色 40%"，应用于"段落"，设置字体为"宋体、三号、加粗、居中"，如图 3-80 所示。

图 3-79　插入形状

（十）分栏

把文字的段落格式设置为"首行缩进 2 字符"。全选文字，单击"布局"→"页面设置"→"栏"→"三栏"，如图 3-81 所示。

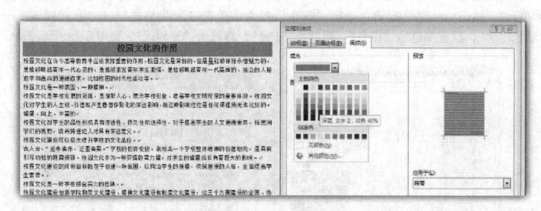

图 3-80　设置段落底纹

图 3-81　分栏效果

（十一）首字下沉

把光标定位在第一段校园文化，单击"插入"→"文本"→"首字下沉"→"下沉"，调整下沉行数为"2"，如图 3-82 所示。

（十二）插入剪贴画

单击"插入"→"插图"→"图片"，打开对话框后选择需要的素材图，单击"插入"。单击图片旁边的按钮，修改"布局选项"为"四周型环绕"，调整图片的大小和位置，如图 3-83 所示。

（十三）绘制竖排文本框

单击"插入"→"文本"→"文本框"→"绘制竖排文本框"，绘制一个竖排文本框，把文字素材"相关标语"复制粘贴，并设置字体格式，给标语添加项目符号，设置文本框为无填充，轮廓颜色为"橙色"，粗细为"1 磅"，虚线为"短划线"，修改"布局选项"为"四周型环绕"，调整图片的大小和位置，如图 3-84 所示。

图 3-82　设置首字下沉

图 3-83　插入剪贴画

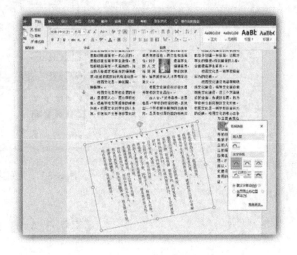

图 3-84　竖排文本框效果

（十四）图片去背景

单击"插入"→"插图"→"图片"，打开对话框后选择需要的素材图，单击"插入"。选中图片，单击选项卡"图片格式"→"调整"→"删除背景"，单击"保留更改"，如图 3-85所示。

图 3-85　删除图片背景

（十五）页面边框

单击"设计"→"页面背景"→"页面边框"，打开"边框和底纹"对话框，在"页面边框"选项卡下，选中"艺术型"，选择"方框"，应用于"整篇文档"，单击"确定"按钮，如图 3-86 所示。

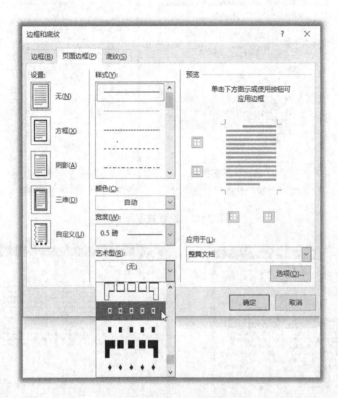

图 3-86　页面边框设置

【案例 3.4.2】制作水印

秋季到了，某服装店上了大量新款服饰，需要做一个宣传单，在宣传单中可以使用 SmartArt 图形形象直观地展示重要的文本信息，以吸引用户的眼球，让店里的优惠政策一目了然。为了防止别人盗用，在宣传单上要打上自己服装店名称作为水印，如图 3-87 所示。

一、预备知识

（一）SmartArt 图形

Word 2016 提供了列表、流程、循环、层次结构、关系、矩阵、棱锥图、图片等多种 SmartArt 图形样式，方便用户根据需要选择。所谓 SmartArt 图形，是指智能化图形。

（二）水印

水印是一种特殊的背景，可以设置在页面中的任何位置，而不必限制在页面的上端或下端区域。在 Word 2016 中，图片和文字均可设置为水印。

二、案例实现

◎ 步骤 1　单击"插入"→"插图"→"SmartArt"，弹出"选择 SmartArt 图形"对话

框，选择"流程"→"圆箭头流程"，单击"确定"按钮，如图 3-88 所示。

图 3-87　潮流女装宣传页

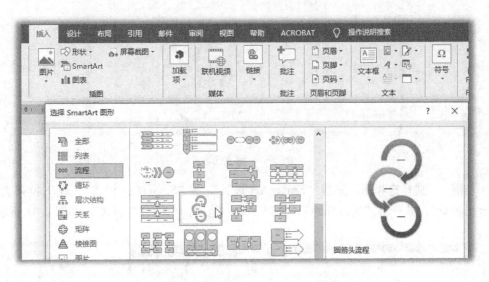

图 3-88　插入圆箭头 SmartArt 图形

　◎ 步骤 2　单击"SmartArt 设计"选项卡组，单击"文本窗格"，在文本窗格中输入所需文字，如图 3-89 所示。

　◎ 步骤 3　选中整个流程图，单击"开始"选项卡，在"字体"组中设置字体为"华文新魏、18、加粗"。

　◎ 步骤 4　选择要插入新图形的位置，这里选择中间的图形，单击"SmartArt 设计"→"创建图形"→"添加形状"→"在前面添加形状"，如图 3-90 所示。添加文字"进店有礼"并设置相应的字体和大小，如果不需要该形状，可以选择新添加的形状，按 Delete 键删除。

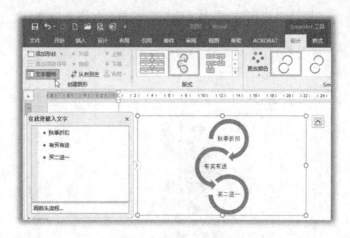

图 3-89　输入文字

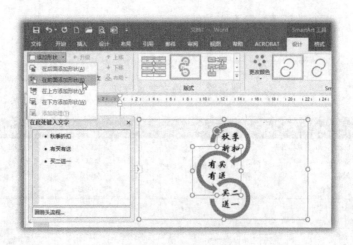

图 3-90　添加形状

◎ 步骤 5　选择流程图，选择"SmartArt 设计"→"SmartArt 样式"，在下拉列表中选择"金属场景"，并单击"更改颜色"，选择"彩色范围，个性色 2 至 3"，如图 3-91 所示。

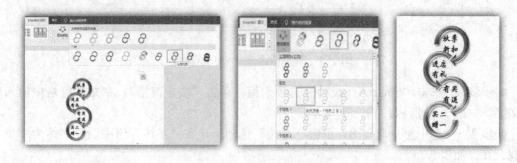

图 3-91　设置颜色和样式

◎ 步骤 6　选择第二个形状，单击鼠标右键，选择"更改形状"→"星与旗帜"→"爆炸形"，如图 3-92 所示。

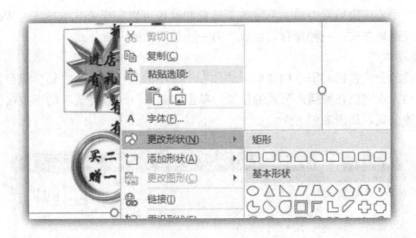

图 3-92　设置第二个形状为爆炸形

◎ 步骤 7　单击整个图形旁边的"布局选项"按钮，调整图形为"四周型"，拖动图形到屏幕中间。

◎ 步骤 8　单击"设计"→"水印"→"自定义水印"，弹出"水印"对话框，单击"文字"选项，在文字栏中输入"潮流女装店"，如图 3-93 所示。

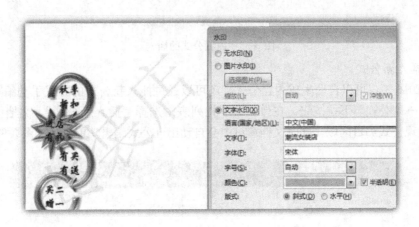

图 3-93　添加自定义水印

【案例 3.4.3】输入数学公式

输入如图 3-94 所示的数学公式。

$$\sum_{i=1}^{100} \int_{0}^{\infty} x_i^2 \, \mathrm{d}x$$

图 3-94　数学公式

一、预备知识

在编辑文档时有时需要编写复杂的数学公式，"公式编辑器"是建立复杂公式最有效的工具。通过使用公式编辑器中数学符号的工具板和模板可以完成公式的输入。Word 2016 提供了两种公式编辑方式：一种是自动生成，另一种是手动插入新公式。

（一）自动生成

自动生成的公式包括 Office 内置的公式和 Office 中的其他公式。自动生成公式的具体操作如下：将插入点定位在要插入公式的位置，单击"插入"→"公式"的下拉按钮，从中选择所需的内置公式，如图 3-95 所示。

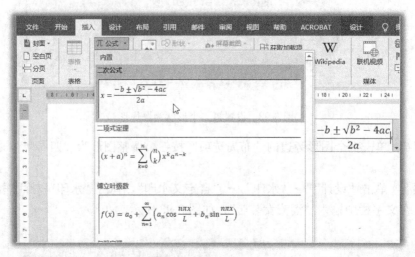

图 3-95　内置公式的插入

（二）插入新公式

Word 2016 不仅可以自动生成内置公式，还可以通过插入新公式的方式手动编写公式。单击"插入"→"公式"下拉按钮，在弹出的下拉列表中选择"插入新公式"，文档中插入点位置会自动出现公式编辑区域，此时文档窗口中会自动出现公式编辑功能区，如图 3-96 所示。

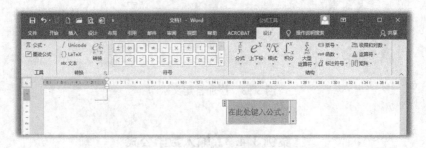

图 3-96　插入新公式操作窗口

"公式"选项卡下包含 4 个分组："工具""转换""符号"和"结构"。

（1）"工具"组分为公式和墨迹公式。

（2）"符号"组中默认显示 70 多个"基础数学"符号。Word 2016 提供了"希腊字母""字母类符号""运算符""箭头""求反关系运算符""手写体""几何学"等符号供用户使用。单击"符号"组的下拉按钮，可以打开相关面板，如"基础数学"；单击顶部标签旁的下拉按钮可以看到 Word 2016 提供的其他符号类别。选择需要的类别，符号面板中将显示相应的符号。

（3）"结构"组的功能在于方便用户向公式中添加多种运算符。用户可以使用键盘和符号组输入运算符，还可以输入分数、上下标、根式、求和、矩阵等常见结构，用户可借助结构组添加运算符结构，并向运算符结构中的不同位置插入符号或文本。

二、案例实现

◎ 步骤 1　单击"插入"→"公式"下拉按钮，在弹出的下拉列表中选择"插入新公式"。

◎ 步骤 2　选中编辑框，单击"公式"→"结构"→"大型运算符"，选择"有极限的求和符"，并在上方输入 100，下方输入 $i=1$，如图 3-97 所示。

◎ 步骤 3　单击"公式"→"结构"→"积分"，选择"有限积分"，并在上方输入 ∞，下方输入 0，如图 3-98 所示。

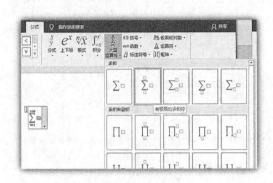
图 3-97　插入极限求和运算符

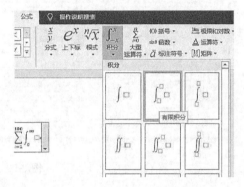
图 3-98　插入有限积分运算符

◎ 步骤 4　单击"公式"→"结构"→"根式"，选择"上下标"，并输入 x，上方输入 2，下方输入 i，后面依次输入 $\mathrm{d}x$。

任务 3.5　编 辑 长 文 档

在日常使用 Word 办公的过程中，长文档的制作是我们常常需要面临的任务。例如，活动计划、宣传手册、营销报告、毕业论文等类型的长文档。由于长文档的内容较多，纲目结构通常也比较复杂，只有注意使用正确的编辑长文档的方法，才能使整个工作高效快捷。

【案例 3.5】论文的排版

论文的排版效果如图 3-99 所示。

一、预备知识

（一）页面格式化

页面排版的好坏直接影响着文档的打印效果和人们阅读文档的感受，因此一定要进行页面设置。页面设置一般包括页面的方向设置，纸张大小的设置，页边距的设置，插入分隔符，页眉、页脚和页码的设置等。

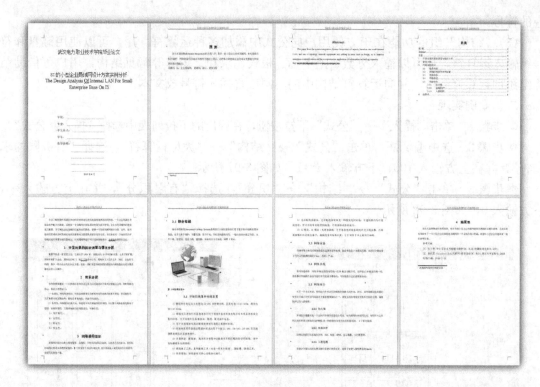

图 3-99　论文排版效果

1. 页面设置

页面设置主要是用"布局"选项卡中的"页面设置"工具组完成，主要包括"页边距""纸张方向""纸张大小"和"分栏"等常用的页面设置按钮。

2. 插入分隔符

Word 2016 提供的分隔符有分页符、分栏符、分节符和换行符。下面介绍分页符和分节符，其通过"布局"选项卡"页面设置"组中的"分隔符"按钮插入。

（1）分页符。可通过分页符把指定的内容放在新生成的页面。

（2）分节符。分节符是指为表示节的结尾而插入的标记。分节符包含节的格式设置元素，如页面的方向、页边距、页码和页眉、页脚的设置。分节符可以分隔前面文本的格式设置，如果删除了某个分节符，它前面的文字会合并到后面的节中，并且采用后者的格式设置。

3. 插入页眉和页脚

在页眉和页脚中可以输入创建文档的基本信息，页眉位于页面的顶部，页脚位于页面的底部。例如，在页眉中输入文档名称、章节标题或者作者姓名等信息，在页脚中输入文档的创建时间、页码等，这样有些想要表达的文档信息就可以用页眉、页脚来设置传达。

页眉、页脚的插入，可通过"插入"选项卡下"页眉和页脚"组中的"页眉""页脚"按钮来实现，如图 3-100 所示。如果需要对页眉和页脚按文本的修改和删除方法进行编辑，可以双击页眉或页脚区域，这样将出现页眉和页脚的编辑区。

4. 插入页码

页码的插入，可通过"插入"选项卡下"页眉和页脚"组中的"页码"按钮来实现，如图 3-100 所示。页码有多种表现形式，如不同的位置、不同的对齐方式等。

图 3-100　插入页眉、页脚和页码

（二）样式

样式是指一组已经命名的字符和段落格式，包括字体、段落的对齐方式、制表位和页边距等。使用样式不仅可以对文档文本进行快速排版，而且当某个样式做了修改后，Word 会自动更新整个文档中应用了该样式的所有文本的格式。因此，在编写一篇文档时，可先定义文档中要用到的各种样式，然后使之应用于各段落。

1. 创建样式

Word 中内置了许多样式供用户选用。用户可以根据自己的需要，修改标准样式或重新定制样式。单击"开始"→"样式"→"创建样式"，弹出"创建新样式"对话框，如图 3-101 所示。

图 3-101　创建新样式

2. 修改样式

如果对样式所包含的格式设置不满意，用户可以按自己的意愿进行修改。一般情况下，修改的样式只对本文档起作用，不会影响应用了同名样式的其他文档。不过，如果将更改的样式"添加到模板"，则会对应用了同名样式的其他文档产生影响。

在"样式"组中选中需要修改的样式，单击鼠标右键，选择"修改"，弹出"修改"样式对话框，如图 3-102 所示，然后根据需求进行各项修改，最后单击"确认"按钮即可。

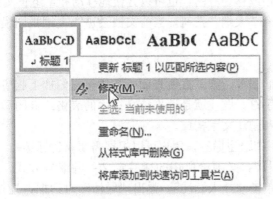

图 3-102　修改样式

3. 应用样式

应用标题样式前，应先将光标移到标题所在的行，然后单击所需的样式即可。

（三）多级项目编号

为文档的不同层次添加段落编号，可以突出显示文档的层次结构。可以通过创建多级列表的方法组织项目及创建大纲。

定义新的多级列表的方法是：单击"开始"→"段落"→"多级列表"按钮，在下拉菜单中单击"定义新的多级列表"命令，弹出"定义新多级列表"对话框，如图 3-103 所示。

 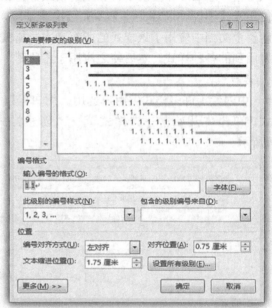

图 3-103　定义新的多级列表

（四）大纲视图

大纲视图是显示文档结构和大纲工具的视图。它将所有的标题分级显示出来，使得整个文档层次分明，因此特别适合较多层次的文档；而正文内容则以项目符号的形式显示。在大纲视图模式下，用户可以方便地创建标题或移动段落，也可以方便地移动和重组长文档。

单击"视图"选项卡→"视图"组→"大纲"按钮，当前文档会进入大纲视图模式，如图 3-104 所示。

（五）题注

在一篇长文档中会有很多的表格和插图等，为了方便查阅，需要给它们加上相应的编号和说明。但这些编号也不能使用固定的字符，题注就是用来给文档中的表格或插图添加一种能自动更新的编号。题注由标签、编号和题注文字构成。

（1）标签。Word 提供了一部分常用的题注标签，用户可以根据需要新建标签。

（2）编号。题注中最关键的是"编号"，必须给所用的标签定义一种编号方式，这样才能达到自动编号的目的。在"引用"下单击"插入题注"，弹出"题注"对话框，选择标签，然后单击"编号"按钮，即可打开"题注编号"对话框。在该对话框中，可以选择编号的样式、是否包含章节号等。

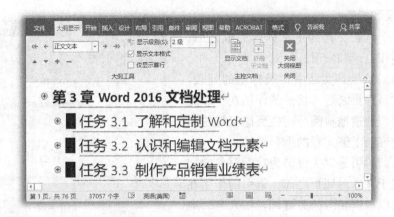

图 3-104　大纲视图

（3）题注文字。它是对插图或表格的说明，需要在插入题注时输入。

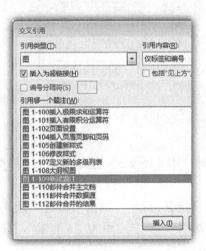

图 3-105　设置交叉引用

（六）交叉引用

交叉引用是对长文档中项目（如标题、题注、注释等）的引用，如用户需要在文档中使用"如图 x-x 所示"的字样，由于插图的编号可能会随文档的编辑而发生变化，所以不能使用固定的字符。如果将其中的题注"图 x-x"设置为交叉引用，则当插图编号发生变化时，这里的编号也会发生变化，从而可以保证文档的正确性。

设置交叉引用的方法是：单击"引用"→"题注"组→"交叉引用"按钮，弹出"交叉引用"对话框，选择需要引用的题注，设置"引用类型"和"引用内容"即可，如图 3-105 所示。

（七）脚注和尾注

脚注和尾注相似，是一种对文本的补充说明。

（1）脚注。脚注是在页面下端添加的注释，如添加在一篇论文首页下端的作者情况简介。

（2）尾注。尾注是在文档尾部（或节的尾部）添加的注释，如添加在一篇论文末尾的参考文献目录。

Word 添加的脚注和尾注由两个互相链接的部分组成，即注释标记和对应的注释文本。Word 可自动为标记编号，也可由用户创建自定义标记。删除注释标记时，与之对应的注释文本同时会被删除。添加、删除或移动自动编号的注释标记时，Word 将对注释标记重新编号。

插入脚注和尾注的方法是：单击"引用"→"脚注"组，根据需要选择"插入脚注"和"插入尾注"按钮，如图 3-106 所示。

（八）目录和索引

通常情况下，长文档的正文内容完成之后，我们还需要制作目录和索引。

（1）目录。目录是文档中各级标题的列表，它通常位于文章扉页之后。目录的作用在于，阅读者可以方便、快速地检阅或定位到感兴趣的内容，同时比较容易了解文章的纲目结构。

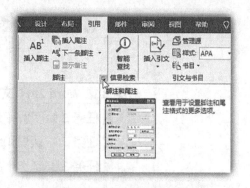

（2）索引。索引是以关键词为检索对象的列表，它通常位于文章封底页之前。索引的作用在于，阅读者可以根据相应的关键词，如人名、地名、概念、术语等，快速定位到正文的相关位置，获得这些关键词的更详细的信息。在我们使用过的中学数理化课本中，最后通常都有索引，它列出了重要的概念、定义、定理等，方便我们快速查找这些关键词的详细信息。

如果手动为长文档制作目录或索引，工作量都是相当大的，而且弊端很多。例如，当我们每次对文档的标题内容更改后，都得更改目录或索引。所以掌握自动生成目录和索引的方法，是提高长文档制作效率的有效途径之一。

插入目录和索引的方法是：单击"引用"→"目录"组→"目录"按钮→"自定义目录"菜单，弹出"目录"对话框，如图 3-107 所示。

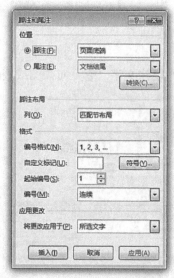

图 3-106　插入脚注和尾注

二、案例实现

根据毕业论文的规范排版格式来排版，打开素材文件"毕业论文 . docx"。

（一）页面设置

单击"布局"→"页面设置"组→"页边距"→"自定义边距"，弹出"自定义设置页边距"对话框，设置上边距为"3.5厘米"，下边距为"3厘米"，左边距为"3厘米"，右边距为"2.5厘米"，单击"确认"按钮，并设置纸张为A4。

（二）插入分页符

◎ 步骤1　将插入点定位到中文摘要之前。

◎ 步骤2　单击"插入"→"页面"组→"分页"按钮，将中文摘要分页到下一页显示，如图 3-108 所示。

◎ 步骤3　完成余下的"中文摘要""英文摘要""目录""正文"的分页。效果如图 3-109所示。

（三）封面格式设置

◎ 步骤1　设置"武汉电力职业技术学院毕业论文"为"宋体、小二、居中对齐、段前间距为2行，段后间距为5行"。

◎ 步骤 2　设置题目"SI 的小型企业局域网设计方案实例分析"为"宋体、二号、居中对齐"。

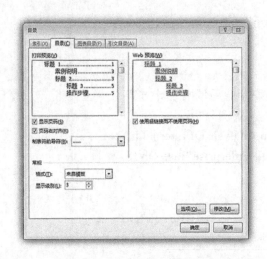

图 3-107　插入目录和索引

图 3-108　插入分页符

图 3-109　插入分页符的效果

◎ 步骤 3　设置英文题目"The Design Analysis Of Internal LAN For Small Enterprise Base On IS"为"Times New Roman、二号、居中对齐，段后间距为 7 行"。

◎ 步骤 4　在"指导教师"后面按 Enter 键，制作 4 行空行。选择"学院……4 月"设置为"宋体、四号"，并设置"学院……指导教师"段落左侧缩进 6 字符，并把下面的空行设置为左缩进 12.5 字符。选中所有行，单击"开始"→"段落"组右下角的"对话框启动器"，打开"段落设置"对话框，单击"制表位"，打开"制表位"对话框，输入"28 字符"，设置对齐方式为"右对齐"，引导符为"4 ___（4）"，单击"确定"，把插入点定位在学院后面，按 Tab 键，即可生成右对齐的下划线，如图 3-110 所示。

◎ 步骤 5　设置"2019 年 4 月"为居中对齐。封面设置如图 3-111 所示。

图 3-110　制作下划线

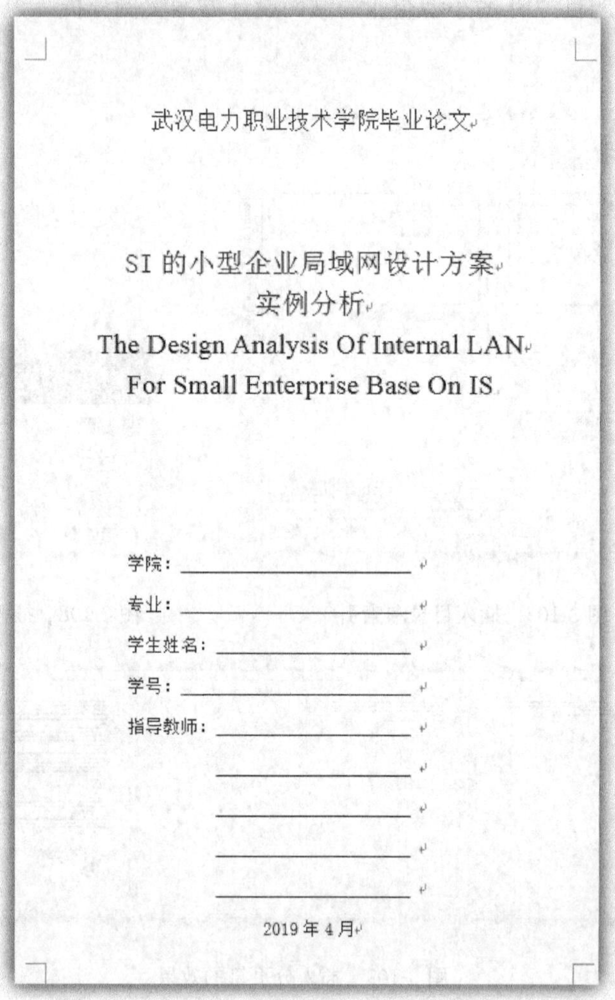
武汉电力职业技术学院毕业论文
SI 的小型企业局域网设计方案
实例分析
The Design Analysis Of Internal LAN
For Small Enterprise Base On IS
学院：
专业：
学生姓名：
学号：
指导教师：
2019 年 4 月

图 3-111　封面设置

（四）应用样式

◎步骤 1　选中“摘要”两字。

◎步骤 2　单击“开始”→“样式”工具组→“标题 1”，这样即可把“标题 1”的格式设置应用到“摘要”上，如图 3-112 所示。

摘 要
该文从系统集成(System Integration
的拓扑结构、网络设备以及综合布
和信息技术应用能力。
关键词：SI；企业局域网；局域网
AaBl
标题 1
AaBbCcD
正文
样式
摘 要
该文从系统集成(System I
的拓扑结构、网络设备以

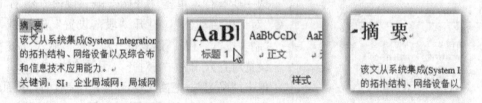

图 3-112　摘要应用“标题 1”样式

◎步骤 3　用同样的方法把“ABSTRACT”“目录”和“红色文字”应用“标题 1”，

"蓝色文字"应用"标题 2"，如图 3-113 所示。

图 3-113　蓝色文字应用"标题 2"样式

◎ 步骤 4　"橙色文字"应用"标题 3"，如图 3-114 所示。

图 3-114　橙色文字应用"标题 3"样式

（五）修改样式

◎ 步骤 1　右击"开始"→"样式"组→"标题 1"按钮，在快捷菜单中选择"修改"命令，打开"修改样式"对话框，设置字体格式为"宋体、三号、加粗"；单击"格式"按钮，打开"段落"对话框，设置段落格式为"段前 0.5 行、段后 0.5 行、2 倍行距、居中、无缩进"，如图 3-115 所示。

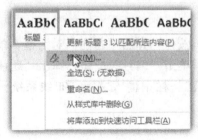

图 3-115　修改"标题 1"样式

◎ 步骤 2　用同样的方法修改"标题 2""标题 3""正文样式"。"标题 2"样式：字体格式为"宋体、四号、加粗"，段落格式为"段前 10 磅、段后 10 磅、1.5 倍行距、两端对齐"。"标题 3"样式：字体格式为"宋体、小四、加粗"，段落格式为"段前 10 磅、段后 10 磅、1.5 倍行距、两端对齐"。"正文"样式：字体格式为"宋体、小四"，段落格式为"1.5 倍行距、首行缩进 2 字符"。

（六）插入多级项目编号

将插入点定位在"开发对象的现状"前面，单击"开始"→"段落"→"多级列表"下拉菜单，先选择一个多级列表，然后再单击"新建新的多级列表"命令，弹出"定义新多级列表"对话框。选择级别为"1"，将级别链接到样式"标题 1"；设置 2 级标题，将级别链接到样式"标题 2";设置 3 级标题,将级别链接到样式"标题 3",单击"确定"按钮,如图 3-116 所示。所有的"标题 1"都有了编号,把前面的"摘要""目录""ABSTRACT"的编号取消即可。

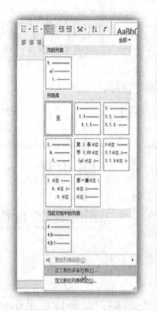

图 3-116　定义新的多级列表

(七)插入题注

◎ 步骤 1　给文档中的插图加上题注,首先要新建一个名称为"图"的标签,然后再进行设置。

◎ 步骤 2　将插入点定位在需要插入题注的图片下方。

◎ 步骤 3　单击"引用"→"题注"组→"插入题注"按钮,弹出"题注"对话框,单击"新建标签",弹出对话框后输入"图",单击"确定";单击"编号"按钮,弹出"题注编号"对话框,确认章节起始样式,单击"确定",在题注一栏中输入文字"布线系统设计",单击"确定",插入题注,如图 3-117 所示。

(八)交叉引用

◎ 步骤 1　将插入点定位到"3.1 综合布线"第 1 段的最末"如所示"的"如"和"所"两字中间。

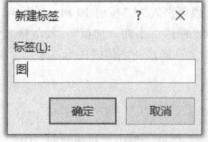

图 3-117　插入题注

◎ 步骤 2　单击"引用"→"题注"组→"交叉引用"按钮。

◎ 步骤 3　设置引用类型为"图"，引用内容为"仅标签和编号"，选中需要引用的题注，单击"插入"，如图 3-118 所示。

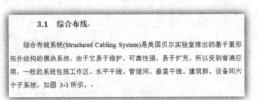

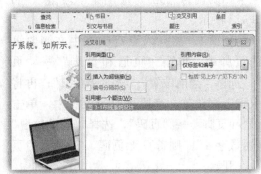

图 3-118　交叉引用

图 3-119　选择"编辑页眉"命令

（九）设置首页、奇偶页不同的页眉和页脚

奇数页的页眉为"武汉电力职业技术学院毕业论文"，偶数页的页眉为论文题目"SI 的小型企业局域网设计方案实例分析"，首页没有页眉文字、没有框线。

◎ 步骤 1　单击"插入"→"页眉和页脚"组→"页眉"→"编辑页眉"命令，如图 3-119 所示。

◎ 步骤 2　单击"页眉和页脚"→"选项"组，勾选"首页不同""奇偶页不同"，并在偶数页的页眉输入文字"SI 的小型企业局域网设计方案实例分析"，奇数页的页眉输入文字"武汉电力职业技术学院毕业论文"，如图 3-120 所示。

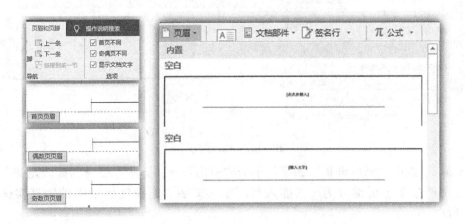

图 3-120　设置首页、奇偶页不同的页眉和页脚

◎ 步骤 3　将插入点定位在首页页眉，单击"设计"→"页面背景"→"页面边框"，弹出"边框和底纹"对话框，单击"边框"选项卡，设置为"无"，应用于"段落"，如图 3-121 所示。

◎ 步骤 4　将插入点定位在中文摘要页面的页脚中，单击"页眉和页脚"→"页码"，选择"当前位置""普通数字 1"；再将插入点定位在英文摘要页面的页脚中，单击"页眉和页脚"→"页码"，选择"当前位置""普通数字 1"，则首页无页码，其余页的页码从 2 开始。

（十）脚注和尾注

图 3-121　设置首页页眉无框线

给中文摘要页面中第一段第二排的"拓扑结构"添加脚注"Topology"，"网络设备"添加尾注"连接到网络中的物理实体"。

◎ 步骤 1　选中"拓扑结构"四字，单击"引用"→"脚注"工具组右下角的"对话框启动器"，弹出"脚注和尾注"对话框，选择"脚注""编号格式 1,2,3,…"，单击"插入"按钮，则在页面底端生成编号为 1 的脚注 Topology，如图 3-122 所示。

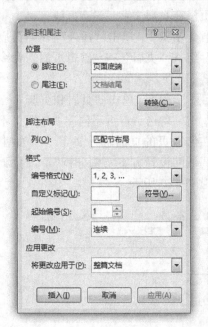
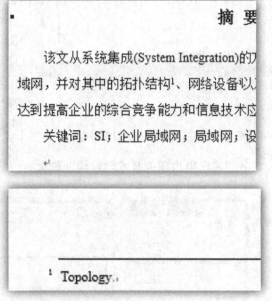

图 3-122　插入脚注

◎ 步骤 2　选中"网络设备"四字，单击"引用"→"脚注"组→"插入尾注"按钮，会快速在文档底端出现编号为 i 的插入点，输入文字"连接到网络中的物理实体"，如图 3-123所示。

◎ 步骤 3　如果要删除脚注和尾注，则选中刚才插入的编号 1 或者 i，直接删除即可。

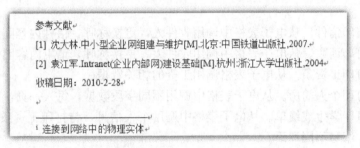

图 3-123　插入尾注

（十一）生成目录

◎ 步骤 1　将光标定位到文档中准备放置目录的位置。

◎ 步骤 2　选择菜单"引用"→"目录"→"自定义"命令，打开"目录"对话框，如图 3-124 所示。

◎ 步骤 3　选择"目录"选项卡。

◎ 步骤 4　在"显示级别"文本框中选择要出现在目录中的标题级别，如选择"2"，则目录中只包括一级和二级标题，我们在这里选择"3"。

◎ 步骤 5　单击"确定"按钮，即可创建出目录，如图 3-125 所示。

图 3-124　"目录"对话框

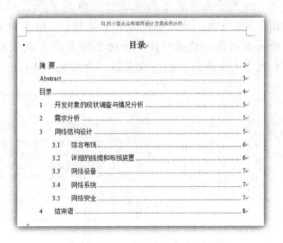

图 3-125　生成目录效果

任务 3.6　合　并　邮　件

在日常的工作中，我们经常需要制作一些包含变化信息而内容又大同小异的公务文档，如信封、会议通知、录取通知书、成绩通知单等。这些文档主要内容基本相同，只是具体数据有变化而已。在填写大量格式相同、只修改少数相关内容而其他内容不变的文档时，可以灵活运用 Word 2016 的邮件合并功能。该功能不仅操作简单，而且可以设置各种格式，打印效果好，能满足用户的不同需求。

邮件合并功能主要用于以下几类文档的处理：

（1）批量打印信封。按照统一的格式，将电子表格中的邮编、收件人地址和收件人打印出来。

（2）批量打印信件。从电子表格中调用收件人，更换称呼，信件内容固定不变。

（3）批量打印请柬。从电子表格中调用收件人，更换称呼，请柬内容固定不变。

（4）批量打印工资条。从电子表格调用工资的相关数据。

（5）批量打印个人简历。从电子表格中调用不同字段数据，每人一页，对应不同信息。

（6）批量打印学生成绩单。从电子表格中调用个人信息，与打印工资条类似，但其需要设置评语字段，编写不同评语。

（7）批量打印各类获奖证书。在电子表格中设置姓名、获奖名称等。

（8）批量打印准考证、明信片、信封等个人报表。

总之，只要有一个标准的二维数表数据源（电子表格、数据库）和一个主文档，就可以使用 Word 2016 提供的邮件合并功能，方便地将每一项分别以在一页纸上记录的方式显示并打印出来。

【案例 3.6】成绩通知单

班主任小王到学期末成绩出来后，打算给每位家长发一封成绩通知单，但全班几十位同学，如何能高效地把成绩通知单做出来呢？现有两个文档："成绩通知单.docx"内容如图 3-126 所示，其为邮件合并主文档；"姓名和成绩.docx"内容如图 3-127 所示，其为邮件合并数据源。使用邮件合并功能可自动生成给每位家长的成绩通知单，即邮件合并的结果，如图 3-128 所示。合并结果以"尊敬的家长.docx"文件名保存。

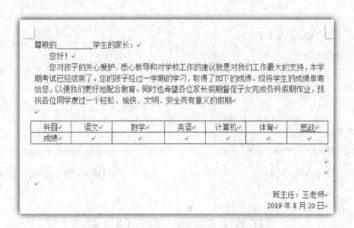

图 3-126　邮件合并主文档

姓名	语文	数学	英语	计算机	体育	思政
王文秀	78	89	75	92	95	87
王华	88	90	90	90	88	88
王凯	87	85	88	91	85	87
王敏	91	96	79	95	86	85
邓尔棋	85	87	85	88	84	86
代恒	76	92	96	90	88	88

图 3-127　邮件合并数据源

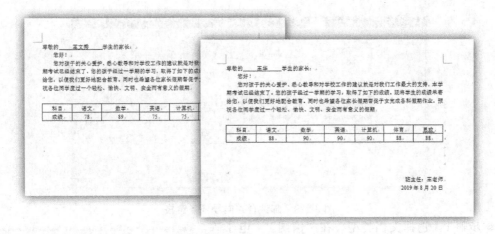

图 3-128　邮件合并的结果

一、预备知识

邮件合并实际上是将 2 个文档中的内容合并后生成一个新的文档，但这种"合并"不是简单的追加。由于邮件合并涉及多个文档，所以该操作比较复杂，是教学的难点之一。实际上，如果对该功能的实现思路有清晰的理解，操作起来并不难。

邮件合并的基本思路是：

（1）在一个文档中，编写信函的主要内容，我们称其为"主文档"。

（2）在另一个文档中，创建一个规则的表格，在表格中填入收信人的信息。例如，姓名、性别、职务、通信地址、邮件编码等，我们称其为"数据源"。作为"数据源"的表格中的每一行我们称其为一条"记录"，每一列我们称其为一个数据"域"，列的标题我们称其为"域名"。

（3）在主文档中的指定位置告诉 Word："请将数据源中的部门域放在这里"，"请将数据源中的姓名域放在这里"等，我们称其为插入"合并域"操作。

（4）有了上面的准备工作，就可以让 Word 进行合并了。所谓"合并"，实际上就是依次从"数据源"中读取每个收信人的信息并将其代入主文档的"合并域"，生成给每个收信人的信函。合并结果要写入一个新文档中。

二、案例实现

（一）建立合并主文档

合并主文档如图 3-126 所示。

（二）建立数据源文件

数据源文件中包含每篇合并文档中有变化的数据，如姓名、各门课程成绩等，这些数据可来源于 Word 表格、Excel 文件及 Access 和 SQL Server 等数据库文件。本例使用 Word 表格为数据源，如图 3-127 所示。

（三）合并邮件

建立好主文档和数据源文件后，就可以合并邮件了。合并邮件可以利用向导帮助完成。打开已经制作好的主文档，单击"邮件"→"开始邮件合并"下拉按钮，从中选择"邮件合并分步向导"命令，在窗口的右侧会出现"邮件合并"任务窗格，如图 3-129 所示。依照顺序，经过 6 步，即可完成邮件合并，具体操作方法如下：

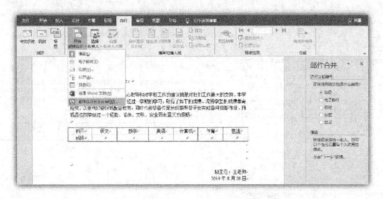

图 3-129　邮件合并向导任务窗格

◎ 步骤 1　选择文档类型。在"信函""电子邮件""信封""标签""目录"中选择一种合适的文档类型。选择"信函"，则文档会以信函样式发送给一组人。单击窗格下方的"下一步：开始文档"超链接，如图 3-130 所示，即进入"选择开始文档"页。

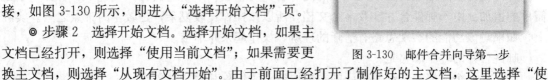

◎ 步骤 2　选择开始文档。选择开始文档，如果主文档已经打开，则选择"使用当前文档"；如果需要更

图 3-130　邮件合并向导第一步

换主文档，则选择"从现有文档开始"。由于前面已经打开了制作好的主文档，这里选择"使用当前文档"即可，如图 3-131 所示，单击下方的"下一步：选择收件人"。

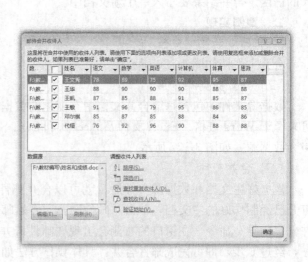

图 3-131　选择当前文档为主文档　　　　　　图 3-132　选取数据源"姓名和成绩.docx"

◎ 步骤 3　选择收件人。可以输入新的收件人列表，也可以使用现有列表。前面已经制作好了数据源文件，单击"浏览"按钮，在弹出的"选取数据源"对话框中选择创建好的数据源文件"姓名和成绩 .docx"，如图 3-132 所示。单击下方的"下一步：撰写信函"，如图 3-133 所示。

◎ 步骤 4　撰写信函。其主要功能是向主文档插入合并域。先将光标定位在需要插入收件人信息的位置，如"学生的家长"前；然后单击"其他项目"，在弹出的"插入合并域"对话框中选择"数据库域"，在域列表中选择"姓名"，这样就完成了一个合并域的插入。将光标分别定位在课程对应的空白单元格中，完成其他合并域的插入。重复以上操作，直至将所需插入的合并域全部插入为止。此时，主文档如图 3-134 所示，其中"同学"的前面插入一个域，单击域名呈现灰色底纹样式，数据源字段两边加上"《》"。单击下方的"下一步：预览信函"，如图 3-135 所示。

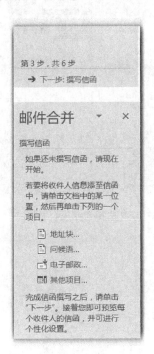

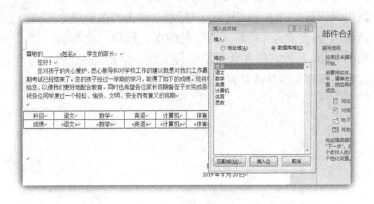

图 3-133　选择"撰写信函"　　　　　　　　　　图 3-134　插入合并域

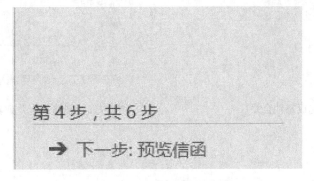

图 3-135　选择"预览信函"

◎ 步骤 5　预览信函。此时文档窗口中将显示第一个收件人的信函，单击收件人右侧的"下一条记录"按钮，可以预览其他人的信函；还可以对收件人列表进行重新编辑，或者删除指定的收件人，如图 3-136 所示。单击下方的"下一步：完成合并"，如图 3-137 所示。

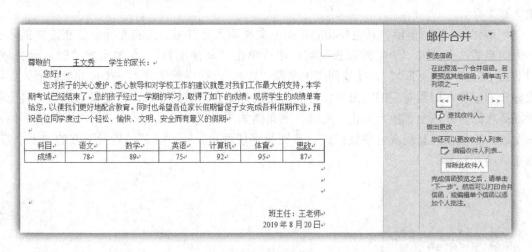

图 3-136　预览结果

◎ 步骤 6　完成邮件合并。可以直接将生成的信函打印，或者将合并的结果利用"编辑单个信函"按钮生成到新文档中，如图 3-138 所示。单击"编辑单个信函"，弹出"合并到新文档"对话框，选择"全部"，如图 3-139 所示，所有合并结果会生成一个新的 Word 文档，保存文档并命名为"尊敬的家长 .docx"。

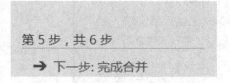

图 3-137　选择"完成合并"

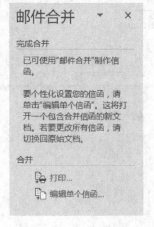

图 3-138　完成邮件合并

图 3-139　把结果合并到新文档

第 4 章　PowerPoint 2016 演示文稿制作

PowerPoint 简称 PPT，是微软公司出品的 Microsoft Office 办公软件系列的一个组件，主要用于设计和制作多媒体幻灯片以展示演讲内容，因此被广泛应用于教育培训、商务交流、产品介绍、会议发言等领域。利用 PowerPoint 创建的演示文稿，不但可以在投影仪或者计算机上进行演示，而且可以将演示文稿打印出来，制成胶片，以便应用到更广泛的领域中。本章以 PowerPoint 2016 为软件环境，全面、系统地介绍 PowerPoint 在幻灯片设计与制作中的应用。

 教学目的和要求

- 熟悉 PowerPoint 2016 的工作界面；
- 掌握演示文稿的创建、保存，以及不同的视图模式；
- 掌握幻灯片的制作和编辑，包括幻灯片的基本操作，文本的输入，在幻灯片中插入对象、节的应用；
- 掌握幻灯片的设计，包括设计演示文稿主题和幻灯片背景、设置幻灯片大小、母板的应用；
- 掌握制作幻灯片动画效果、幻灯片切换效果、超链接、动作按钮的方法；
- 掌握媒体文件的添加，包括声音对象和视频的添加、剪辑和设置；
- 了解幻灯片的放映和输出；
- 了解演示文稿的打印与输出。

重点与难点

演示文稿的基本操作，幻灯片的制作和编辑，幻灯片的动画效果、切换效果，超链接和动作按钮，媒体文件的添加和设置。

任务 4.1　创建和编辑幻灯片

【案例 4.1】制作演讲培训报告

在学习和工作中，我们都会面临写各种工作总结报告的情况。一份出色的工作总结报告是离不开 PowerPoint 的。下面以制作演讲培训报告为例向大家详细介绍幻灯片的创建与编辑。

一、演示文稿概述

演示文稿是一种由一张张通过 PowerPoint 等软件制作出来的电子幻灯片组成的可播放文件。

（一）PowerPoint 2016 的工作界面

PowerPoint 2016 的工作界面如图 4-1 所示。

图 4-1　PowerPoint 2016 的工作界面（普通视图）

（1）浏览窗格，用来显示幻灯片的缩略图。

（2）编辑窗格，用来显示当前幻灯片，可以在该窗格中对幻灯片内容进行编辑。

（3）审阅按钮，包含"备注"和"批注"按钮，可以利用其为幻灯片添加备注或批注。

（4）视图按钮，可以通过该按钮将幻灯片切换到不同的视图模式。

（5）播放按钮，可用来播放幻灯片。

（二）PowerPoint 的不同视图

PowerPoint 具有多个不同的视图，默认情况下，PowerPoint 的视图为普通视图，单击 PowerPoint 窗口左下角的视图按钮可在不同视图之间轻松地进行转换。

（1）普通视图。普通视图（见图 4-1）是主要的编辑视图，可用于编写或设计演示文稿。普通视图包含三个区域：浏览窗格、编辑窗格和备注编辑区。拖动分区的边框可以调整不同分区的大小。

（2）大纲视图。大纲视图下，左侧显示的是演示文稿的大纲。大纲视图主要包含三个区域：大纲窗格、编辑窗格和备注编辑区，如图 4-2 所示。

（3）幻灯片浏览视图。在幻灯片浏览视图下，所有幻灯片会以缩略图的方式显示出来，这样就很容易在幻灯片之间添加、删除和移动幻灯片，如图 4-3 所示。双击某一张幻灯片的缩略图，即可切换到普通视图下显示该幻灯片。

图 4-2　大纲视图

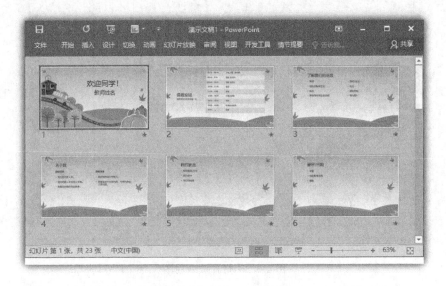

图 4-3　幻灯片浏览视图

（4）备注页视图。在普通视图下，备注编辑区用来添加幻灯片的备注，但这个备注只能包含文本。想要在备注中添加图片，则需要进入备注页视图。在备注页视图下，可以在幻灯片下方的备注页文本框中添加备注，如图 4-4 所示。

（5）幻灯片放映视图。在幻灯片放映视图下，演示文稿的幻灯片以全屏方式显示出来，如图 4-5 所示。如果设置了动画效果、幻灯片切换效果等，在该视图下也可以看到。在该视图下可对放映的幻灯片进行切换、添加墨迹标示等操作。

（三）创建演示文稿

用户既可以利用 PowerPoint 2016 创建空白演示文稿，也可以根据模板来创建演示文稿。

1. 利用快捷菜单新建空白演示文稿

用户可以在桌面或文件夹中通过快捷菜单新建空白演示文稿。

图 4-4　备注页视图

图 4-5　幻灯片放映视图

◎ 步骤 1　在桌面上的空白处右击，从弹出的快捷菜单中单击"新建"→"Microsoft PowerPoint 演示文稿"命令，如图 4-6 所示。

图 4-6　利用快捷菜单"新建"空白演示文稿

◎ 步骤 2　重命名演示文稿。此时，在桌面上会有一个名为"新建 Microsoft PowerPoint 演示文稿 .pptx"的演示文稿，并且该演示文稿的名称处于可编辑状态，可直接输入需要的演示文稿名称"新建的空白演示文稿 .pptx"，如图 4-7 所示，按 Enter 键确认。

图 4-7　新建空白演示文稿

◎ 步骤 3　双击新建的演示文稿可以将其打开，单击幻灯片窗格任意位置，可以自动创建标题幻灯片，如图 4-8 所示。

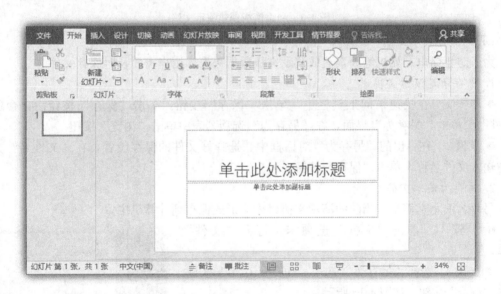

图 4-8　新建演示文稿（普通视图）

2. 利用模板创建演示文稿

PowerPoint 2016 提供了非常丰富的样本模板。样本模板包含了设置好的演示文稿外观效果，用户只需要对其中的内容进行修改，就可以创建出需要的演示文稿。

◎ 步骤 1　启动 PowerPoint 2016 程序，在弹出的窗口中单击要使用的演示文稿模板。

◎ 步骤 2　单击"创建"按钮，弹出对话框，在对话框中展示了该模板的样式，单击"创建"按钮，如图 4-9 所示。

◎ 步骤 3　在 PowerPoint 中还可以搜索到大量的联机模板和主题，在"搜索联机模板和主题"文本框中输入"报告"，单击"搜索"按钮。

◎ 步骤 4　系统会自动联机搜索所有关于"报告"的模板和主题，在需要的模板上单击。

◎ 步骤 5　弹出模板详情面板，单击"创建"按钮，开始下载模板。

◎ 步骤 6　模板下载完成后会自动在桌面上打开，用户可以在模板的基础上对演示文稿进行加工。

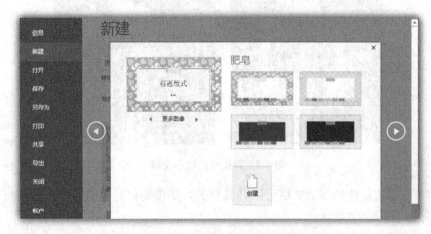

图 4-9　利用模板创建演示文稿

(四) 保存演示文稿

为了防止断电、死机等因素造成演示文稿数据丢失，用户需要及时保存文件。

1. 保存新建演示文稿

◎ 步骤 1　在快速访问工具栏中，单击"保存"按钮。单击"保存"按钮后，会进入"文件"菜单的"另存为"界面，在"另存为"选项列表中单击"浏览"按钮。

◎ 步骤 2　在弹出的"另存为"对话框中，选择好文件的保存位置，在"文件名"文本框中输入文件名称，单击"保存"按钮。

2. 另存为演示文稿

另存为演示文稿是将当前的演示文稿以副本形式保存到计算机中。

◎ 步骤 1　单击"文件"选项卡，打开"文件"菜单。

◎ 步骤 2　选择"另存为"选项，在"另存为"区域单击"浏览"按钮，如图 4-10 所示。

◎ 步骤 3　在弹出的"另存为"对话框中指定文件的保存路径和文件名称，单击"保存"按钮即可，如图 4-11 所示。

二、幻灯片的基本操作

一份演示文稿由多张幻灯片组成，因此对幻灯片的操作就是学习演示文稿制作的重点。幻灯片的基本操作包括插入、删除、移动、复制和隐藏幻灯片等。

图 4-10　文件"另存为"界面

图 4-11　"另存为"对话框

（一）插入幻灯片

插入幻灯片的方法主要有：

（1）打开演示文稿，在幻灯片左侧窗格空白处单击鼠标右键，在弹出的快捷菜单中选择"新建幻灯片"命令，即可插入一个新的幻灯片，如图 4-12 所示。

（2）打开演示文稿，切换到"开始"选项卡，单击"幻灯片"组中的"新建幻灯片"按钮，在弹出的列表中，用户可根据实际需要单击合适的幻灯片样式，新建的幻灯片就会显示在右侧的窗格当中，如图 4-13 所示。

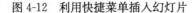

图 4-12　利用快捷菜单插入幻灯片　　　图 4-13　利用"开始"选项卡插入幻灯片

（3）在幻灯片左边窗格中选中幻灯片，按 Enter 键就可以直接在选中的幻灯片下方插入新幻灯片。

（二）新建幻灯片版式

幻灯片版式是指幻灯片中文本、图形、表格、图表、剪贴画等对象的布局形式。PowerPoint 2016 中预设了许多幻灯片版式，用户可以在新建幻灯片时直接使用，也可以在创建幻灯片后再做修改。

在新建幻灯片时，默认插入的幻灯片版式为"标题和内容"，单一的版式往往不能满足用户的编辑需要，这时就要及时地向演示文稿中插入新版式。

◎ 步骤1　打开"开始"选项卡，在"幻灯片"组中单击"新建幻灯片"下拉按钮，弹出版式下拉列表，移动鼠标到所需版式后单击即可插入对应版式的幻灯片，如图4-14所示。

图4-14　插入不同版式的幻灯片

◎ 步骤2　对于已经插入的幻灯片3，默认为"标题和内容"版式，如果要修改版式，则右击幻灯片3，在展开的菜单中选择"版式"命令，在其下级菜单中选择"比较"选项，幻灯片3随即被更改为"比较"版式，如图4-15、图4-16所示。

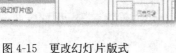
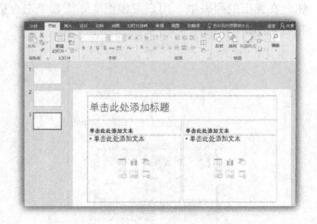

图4-15　更改幻灯片版式　　　　　　　　图4-16　更改幻灯片版式结果

（三）删除幻灯片

对演示文稿中不需要的幻灯片可以删除，具体操作方法为：在幻灯片左侧窗格中选中需要删除的幻灯片，单击鼠标右键，在弹出的快捷菜单中单击"删除幻灯片"命令，即可删除选中的幻灯片，如图4-17所示。

（四）复制幻灯片

当需要制作内容相似的幻灯片时，可以先复制幻灯片，再根据实际需要进行适当修改。复制幻灯片的方法有：

（1）右击需要复制的幻灯片，在弹出的快捷菜单中选择"复制幻灯片"命令，如图4-17

所示。

（2）选择需要复制的幻灯片，切换至"开始"选项卡，单击"剪贴板"组中的"复制"下拉按钮，在下拉列表中选择"复制"命令。

（3）使用 Ctrl＋C 组合键复制幻灯片。

（五）移动幻灯片

用户可以根据需要移动幻灯片的位置，操作方法为：单击需要移动的幻灯片，按住鼠标左键将其拖动至目标位置后，松开鼠标左键即可。

（六）隐藏幻灯片

在放映幻灯片时，用户有时不希望某些幻灯片被放映，又不想把该幻灯片删除，这时可以将幻灯片隐藏。

◎ 步骤 1　右击需要隐藏的幻灯片，在弹出的快捷菜单中选择"隐藏幻灯片"命令。

图 4-17　快捷菜单

◎ 步骤 2　被隐藏的幻灯片编号上会出现一条斜线，如图 4-18 所示。被隐藏的幻灯片在放映时不会显示出来。若要取消隐藏则再次右击幻灯片，在快捷菜单中选择"隐藏幻灯片"命令。

（七）节的应用

当演示文稿中的幻灯片张数过多时，用户可能会理不清整体的思路及每张幻灯片之间的逻辑关系，此时可以利用 PowerPoint 2016 新增的节的功能将整个演示文稿划分成若干个小节，以方便用户管理。

◎ 步骤 1　选中幻灯片 2，打开"开始"选项卡，在"幻灯片"组中单击"节"下拉按钮，在下拉列表中选择"新增节"选项，如图 4-19 所示。

图 4-18　隐藏幻灯片

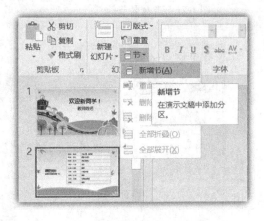

图 4-19　新增节前

◎ 步骤 2　自选中的幻灯片向下所有的幻灯片被添加到一个"无标题节"中，而自选中的幻灯片以上所有的幻灯片被添加到"默认节"中，如图 4-20 所示。

◎ 步骤 3　选中节标题，单击"节"下拉按钮，在下拉列表中选择"重命名节"选项，如图 4-21 所示。

◎ 步骤 4　弹出"重命名节"对话框，在"节名称"文本框中输入节的名称，单击"重命名"按钮，选中的节名称被更改，如图 4-22 所示。

◎ 步骤 5　单击节名称左侧小三角按钮可以将节展开/折叠，如图 4-23 所示。

◎ 步骤 6　选中节标题，打开"节"下拉列表，选择"删除节"选项，可以将所选节删除。若选择"删除所有节"，则可以将所有节删除，如图 4-24 所示。

三、编辑幻灯片

（一）输入文本

演示文稿的内容极其丰富，包括文本、图片、表格、图表、声音和视频等，其中文本是最基本的元素。在幻灯片中添加文本的方法有很多，这里主要介绍使用占位符输入文本、使用文本框输入文本、使用自选图形输入文本三种操作。

图 4-20　新增节后

图 4-21　重命名节前

图 4-22　重命名节后

图 4-23　展开/折叠节

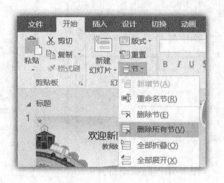

图 4-24　删除节

1. 使用占位符输入文本

占位符是一种带有虚线边框的方框，除了空白版式，其余幻灯片都包含占位符，如图 4-25 所示。在这些虚线方框内可以输入标题及正文，或插入 SmartArt 图形、图表、表格和图片等对象。

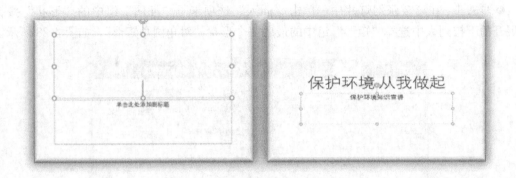

图 4-25　占位符

◎ 步骤 1　打开第 1 张幻灯片，单击标题占位符，此时提示文本消失，占位符变成虚线边框。

◎ 步骤 2　输入标题文本"保护环境，从我做起"和副标题"保护环境知识宣讲"。

◎ 步骤 3　设置字体格式。选中标题文本，在"字体"组的"字体"下拉列表中选择"华文新魏"选项，在"字号"下拉列表中选择"48"选项。单击"加粗"按钮，将字体加粗显示。单击"字体阴影"按钮，为文本添加阴影效果。同理，将副标题设置为"宋体，24"。

2. 使用文本框输入文本

利用文本框可以在幻灯片中添加文本，文本框分为横排和竖排两种。横排文本框也称水平文本框，其中的文字按从左到右的顺序排列；竖排文本框也称垂直文本框，其中的文字按从上到下的顺序排列。用户可以将文本框放在幻灯片的任何位置。

◎ 步骤 1　插入第 2 张幻灯片，版式选择空白。单击"插入"选项卡下"文本"组中"文本框"下的三角按钮，在展开的下拉列表中单击"竖排文本框"选项，如图 4-26 所示。

◎ 步骤 2　在需要插入文本框的位置单击，按住鼠标左键拖动绘制需要的文本框，在文本框内输入"目录"，并将鼠标指针移至文本框边框处，即选中整个文本框，将字号设置为"40"，字体颜色设置为"绿色"，并将字体加粗显示，如图 4-27 所示。

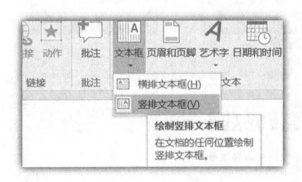

图 4-26　插入文本框　　　　　图 4-27　输入文本并进行格式设置

3. 使用自选图形输入文本

在幻灯片中添加自选图形，然后在自选图形中添加文字，可以制作出精美的图形效果，让重点更凸显。

◎ 步骤 1　在第 2 张幻灯片中，单击"插入"选项卡下"插图"组中的"形状"按钮，在展开的下拉列表中选择"矩形"组中的最后一个形状"对角圆角矩形"，如图 4-28 所示。

图 4-28　插入"对角圆角矩形"

◎ 步骤 2　在幻灯片中单击即可插入所选形状。插入的形状为默认的大小，用户可利用图形的 8 个调整点来调整大小，如图 4-29 所示。

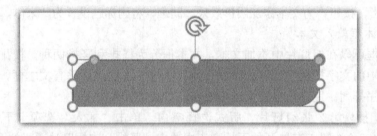

图 4-29　调整形状大小

◎ 步骤 3　选中图形，在"格式"选项卡下"形状样式"组的"形状填充"下拉列表中选择"深绿"，填充色随即改为深绿色，如图 4-30 所示。

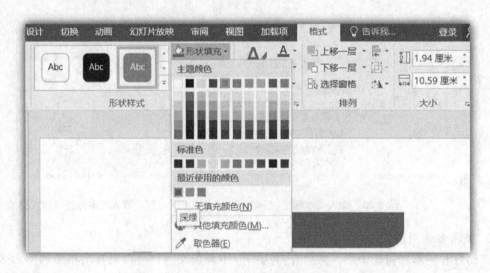

图 4-30　填充形状

◎ 步骤 4　右击插入的形状，在弹出的快捷菜单中单击"编辑文字"，如图 4-31 所示。

◎ 步骤 5　输入文字"2、目前存在的环境问题"，将所插入图形选中，复制后移动到合适位置，再把相应文字进行修改，完成如图 4-32 所示的幻灯片。

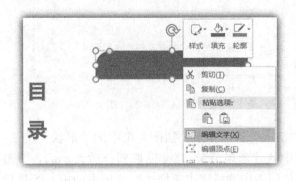

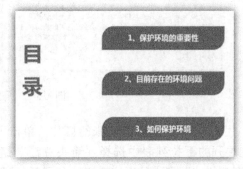

图 4-31　编辑文字　　　　　　　　　　　　　图 4-32　输入文字效果

（二）插入对象

在幻灯片中插入图片、形状、表格、图表等对象，不仅可以美化幻灯片，而且能使幻灯片的内容更加清晰直观。下面我们来讲述在幻灯片中插入对象的方法。

1. 插入图片

◎ 步骤 1　选中第 1 张幻灯片，切换至"插入"选项卡，单击"图像"组中的"图片"按钮，弹出"插入图片"对话框。从对话框左侧选择所需图片的位置，从中选择合适的图片，单击"插入"按钮，如图 4-33 所示。

◎ 步骤 2　返回演示文稿，图片已经插入幻灯片中，此时可根据需要调整图片的大小和位置。最后效果如图 4-34 所示。

图 4-33　插入图片　　　　　　　　　　　　　图 4-34　插入图片效果

2. 插入自选图形

在制作幻灯片时插入图形，不仅可以补充说明文字无法表达的内容，而且可以起到美化幻灯片的作用。

◎ 步骤 1　新建第 3 张幻灯片，版式为"标题与内容"，输入对应的文本。新建第 4 张幻灯片，版式为"仅标题"，如图 4-35 所示。

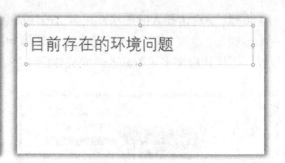

图 4-35　新建第 3、第 4 张幻灯片

◎ 步骤 2　选中第 4 张幻灯片，单击"插入"选项卡下"插图"组中的"形状"按钮，在展开的下拉列表中选择"箭头总汇"组中的"燕尾形"。调整图形到合适大小后，单击"形状样式"组中的下拉按钮，在展开的下拉列表中选择"主题样式"选项中的第 4 行最后一个，如图 4-36 所示。

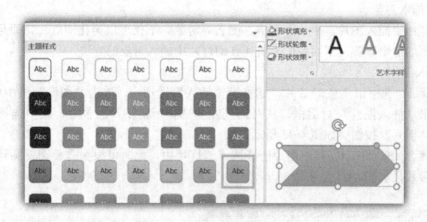

图 4-36　插入燕尾形形状

◎ 步骤 3　右击插入的形状，在弹出的快捷菜单中单击"编辑文字"，输入文字"大气污染"；运用相同的方法，在"大气污染"的下方插入自选图形"矩形"，输入文字，如图 4-37 所示。

◎ 步骤 4　插入完成之后，用户可以根据需要对"形状样式"组中的"形状填充""形状轮廓""形状效果"进行设置。在"形状填充"选项的下拉列表中选择"无填充颜色"，在"形状轮廓"的下拉列表"粗细"中选择"1.5 磅"，在"形状效果"下拉列表"发光"中选择"发光变体"中的第 3 行第 1 个。

◎ 步骤 5　选中两个自选图形后复制，并修改文字。完成之后的效果如图 4-38 所示。

3. 插入图表

在制作幻灯片时还可以插入图表，以便更清楚地对比数据。

◎ 步骤 1　插入第 5 张幻灯片，版式为"标题和内容"，切换至"插入"选项卡，单击"插图"组中的"图表"按钮，弹出"插入图表"对话框，选择"柱形图"中的"簇状柱形图"，如图 4-39所示。

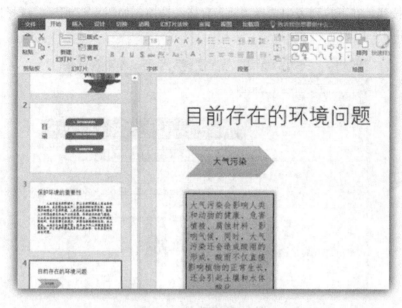

图 4-37　在形状中编辑文字

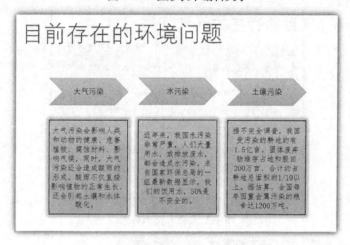

图 4-38　插入自选图形效果

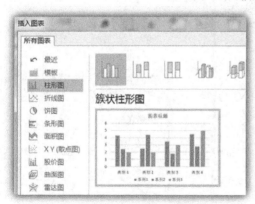

图 4-39　插入"簇状柱形图"

◎ 步骤 2　单击"确定"按钮，即可插入一个图表样式。

◎ 步骤 3　修改 Excel 表格中的系列名和类别名，输入完毕后关闭 Excel 表格，如图 4-40 所示。

◎ 步骤 4　根据实际情况，调整效果图的大小和位置，最终效果如图 4-41 所示。

4．插入表格

◎ 步骤 1　新建第 6 张幻灯片，版式为"标题和内容"，输入相应的标题和内容文字。打开"插入"选项卡，在"表格"组中单击

"表格"下拉按钮，在下拉列表中选择"插入表格"选项，如图 4-42 所示。选择插入 6 行、2 列的表格，如图 4-43 所示。

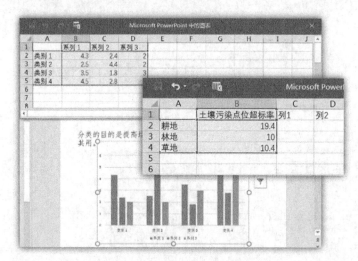

图 4-40 修改 Excel 表格

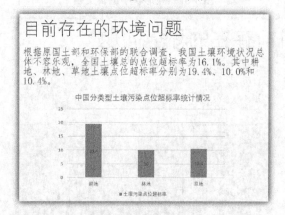

图 4-41 插入图表效果

图 4-42 选择"插入表格"选项

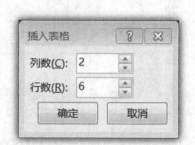

图 4-43 插入 6 行、2 列的表格

◎ 步骤 2　表格的编辑方法在第 3 章已经介绍过，这里不再赘述。最后完成的效果如图 4-44 所示。

图 4-44　插入表格效果

（三）SmartArt 图形

PowerPoint 2016 中包含 SmartArt 图形功能。用户可以利用该功能制作流程图或循环图等。PowerPoint 2016 还提供了不同的 SmartArt 布局，让用户可以更加轻松地创建所需图形，丰富演示文稿内容。

◎ 步骤 1　新建第 7 张幻灯片，版式为"标题和内容"，输入相应的文本，如图 4-45 所示。

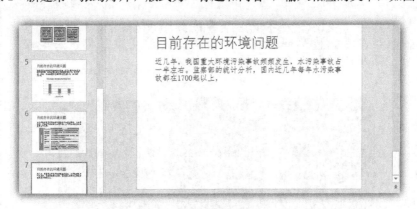

图 4-45　新建第 7 张幻灯片

◎ 步骤 2　打开"插入"选项卡，在"插图"组中单击 SmartArt 按钮。弹出"选择 SmartArt 图形"对话框，选择"流程"选项后，在中间列表框中选择"连续块状流程"选项，单击"确定"按钮，如图 4-46 所示。

◎ 步骤 3　所选样式的 SmartArt 图形随即被插入幻灯片中，并将其调整到合适位置。

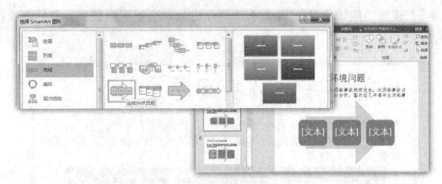

图 4-46　插入 SmartArt 图形

◎ 步骤 4　可以选中第一个文本框，输入相应文字；也可以单击"连续块状流程"最左边边框的按钮，在"在此处输入文字"对话框中输入文字，如图 4-47 所示。

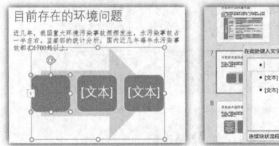
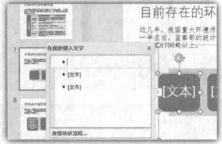

图 4-47　输入文字

◎ 步骤 5　在 SmartArt 图形中，完成三个矩形中文本的输入，如图 4-48 所示。

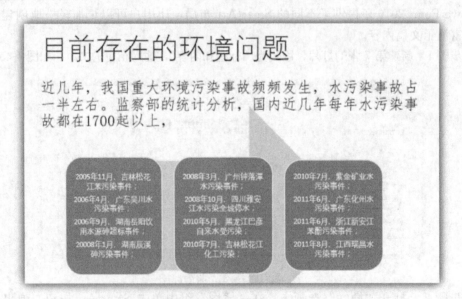

图 4-48　完成文本输入效果

◎ 步骤 6　如果要添加矩形文本形状，选择最后一个矩形框，单击 SmartArt 工具栏的"设计"选项卡，再单击"创建图形"组的"添加形状"下拉按钮，选择"在后面添加形状"，如图 4-49 所示。

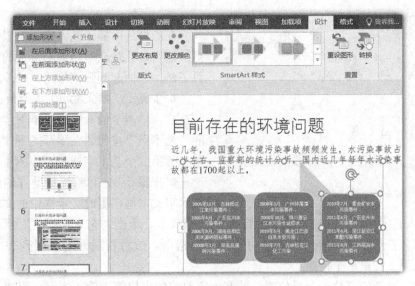

图 4-49　在后面添加形状

◎ 步骤 7　在添加的形状中输入相应文字，完成效果如图 4-50 所示。

图 4-50　完成效果

制作第 8、第 9 张幻灯片，效果如图 4-51 所示。具体方法不再重复。

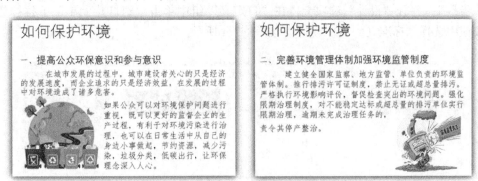

图 4-51　第 8、第 9 张幻灯片效果

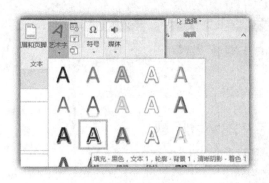

图 4-52　插入艺术字样式

（四）插入艺术字

在幻灯片中插入艺术字，可以使文本内容更加醒目，让观众对当前幻灯片的主要内容一目了然，从而起到强调作用。

◎ 步骤1　插入第 10 张幻灯片，版式为"空白"，单击"插入"选项卡下"文本"组中的"艺术字"按钮，在展开的下拉列表中选择第三行第二个艺术字样式，如图 4-52 所示。

◎ 步骤2　此时系统自动在幻灯片中添加艺术字文本框，更改文本框中的文本为"谢谢欣赏"。插入艺术字后会出现"绘图工具-格式"选项卡，单击"艺术字样式"组中的"文本效果"按钮，在展开的下拉列表中指向"转换"选项，然后在展开的级联列表中选择"弯曲"组中的第 2 行第 2 个样式。

将艺术字移至幻灯片的合适位置，并在内容对应的占位符中输入文字，完成后的效果如图 4-53 所示。

图 4-53　插入艺术字效果

四、设计幻灯片

创建演示文稿幻灯片的样式比较单调，只是一张张"白纸"，只有通过不断地设置才能使幻灯片变得美观大方。

（一）更改幻灯片大小比例

PowerPoint 幻灯片默认的显示比例为宽屏（16：9），用户可以将幻灯片大小更改为"标准（4：3）"，还可以自定义幻灯片的大小。

◎ 步骤1　打开"设计"选项卡，在"自定义"组中单击"幻灯片大小"下拉按钮，在下拉按钮中选择"标准（4：3）"选项，如图 4-54 所示。

图 4-54　选择"标准（4：3）"选项

◎ 步骤 2　弹出 Microsoft PowerPoint 对话框，选择"最大化"选项，然后单击"确保适合"按钮，如图 4-55 所示。

◎ 步骤 3　返回演示文稿中，可见所有幻灯片大小随即发生改变。

(二) 自定义幻灯片大小

在制作幻灯片时，如果已有的幻灯片大小不适合实际使用的显示设备，可以自定义幻灯片的大小。

◎ 步骤 1　打开"设计"选项卡，在"自定义"

图 4-55　选择"最大化"选项

组中单击"幻灯片大小"下拉按钮，在下拉按钮中选择"自定义幻灯片大小"选项。

◎ 步骤 2　在弹出的"幻灯片大小"对话框中，单击下拉列表，在展开的下拉列表中单击"自定义"选项，如图 4-56 所示。

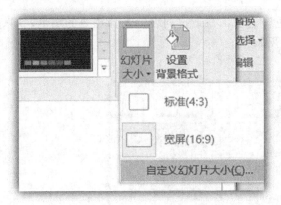

图 4-56　自定义幻灯片大小

◎ 步骤 3　用户可以自定义幻灯片的宽度、高度，还可以设置幻灯片及备注、讲义和大纲的方向，设置完成后单击"确定"按钮即可。

(三) 应用幻灯片主题

主题是用来对演示文稿中所有幻灯片的外观进行匹配的一个样式，如让幻灯片具有同一背景效果、统一的修饰元素、统一的文字格式等。通过应用不同的主题，可以使幻灯片拥有统一的风格，也能够快速更改演示文稿的外观。用户可以根据需要选择 PowerPoint 2016 中内置的主题样式，还可以对主题样式进行自定义设置。

◎ 步骤 1　打开"设计"选项卡，在"主题"组中单击"其他"下拉按钮。

◎ 步骤 2　在展开的列表中选择合适的主题样式，此处选择"平面"选项，幻灯片随即应用所选主题，如图 4-57 所示。

(四) 修改主题样式

幻灯片应用主题样式后，如果对主题的样式不满意，可以对主题的颜色、字体等进行修改。

◎ 步骤 1　切换至"设计"选项卡，在"变体"组中单击"其他"下拉按钮。

图 4-57　应用幻灯片主题

◎ 步骤 2　在下拉列表中选择"颜色"选项，在下拉列表中选择想要的颜色，幻灯片所用的主题颜色随即发生更改，如图 4-58 所示。

图 4-58　修改主题颜色

（五）自定义背景样式

除了可以修改背景颜色，用户还可以自定义背景样式，从而使幻灯片的背景更加丰富多彩。

◎ 步骤 1　选中需要修改背景样式的幻灯片，切换至"设计"选项卡，在"自定义"组中单击"设置背景格式"按钮，弹出"设置背景格式"窗格。

◎ 步骤 2　在"设置背景格式"窗格的"填充"组中选择"图片或纹理填充"按钮，单击"文件"按钮，如图 4-59 所示。

◎ 步骤 3　打开"插入图片"对话框，选中需要的图片，单击"插入"按钮。

◎ 步骤 4　此时选中的幻灯片已经应用了背景样式，若要使所有幻灯片都应用该样式，则需要单击"全部应用"按钮。

◎ 步骤 5　关闭窗格，演示文稿的所有幻灯片背景都已修改，如图 4-60 所示。

图 4-59　图片或纹理填充

（六）母板

母板是 PowerPoint 中具有特殊用途的幻灯片，在其中可以定义幻灯片的格式，如图片、背景和文本等，以控制演示文稿的整体外观。母板控制了某些文本特征，如字体、字号和颜色等，还控制了背景色和一些特殊效果等。

图 4-60　自定义背景样式

在 PowerPoint 2016 中有三种母板：幻灯片母板、讲义母板和备注母板，分别用于控制演示文稿中的幻灯片、讲义页和备注页的格式。

对幻灯片母板的修改直接影响着应用该模板的所有幻灯片。例如，要在每张幻灯片的同一位置插入相同的标志符号，只需在幻灯片母板上插入即可，而无须在每张幻灯片上一一插入。

对讲义和备注母板的设置分别影响着讲义和备注的外观形式。讲义是指打印时，一页纸上安排多张幻灯片。备注页主要为讲演者提供备注的空间。讲义母板和备注母板可以设置页眉、页脚等内容，可以在幻灯片之外的空白区域添加文字或图形，从而使打印出来的讲义或者备注每页的形式都相同。讲义母板和备注母板所设置的内容，只能通过打印讲义或者备注显示出来，既不会影响幻灯片中的内容，也不会在放映幻灯片时显示出来。

在实际的使用过程中幻灯片母板更加常用，下面主要介绍如何创建幻灯片母板。

◎ 步骤1　打开"视图"选项卡，"在母板视图"组中单击"幻灯片母板"按钮。在幻灯片母板视图下选择"标题和内容版式：由幻灯片3，5-9使用"，如图 4-61 所示。

◎ 步骤2　打开"插入"选项卡，在"图像"组中单击"图片"按钮，在弹出的"插入图片"对话框中找到对应图片，单击"插入"按钮。

图 4-61　选择"标题和内容版式：由幻灯片 3，5-9 使用"选项

◎ 步骤3　选中插入的图片并将其移动到合适位置，在插入图片后出现的"图片工具-格式"选项卡下"调整"组的"颜色"下拉列表中，选择"设置透明色"选项，如图 4-62 所示。

◎ 步骤4　移动图片到合适位置，在图片上方插入横排文本框，输入文字"保护环境从我做起"，完成后效果如图 4-63 所示。

◎ 步骤5　在幻灯片母板视图下选中"仅标题版式：由幻灯片 4 使用"，运用相同的方法插入图片和文本框，调整到合适位置，效果如图 4-64 所示。

◎ 步骤6　选中"幻灯片母板"选项卡，单击"关闭母板视图"按钮，可以看到除了第1、第2和第10张幻灯片外，其他每张幻灯片的右上角都有插入的图片和文本框，如图 4-65 所示。

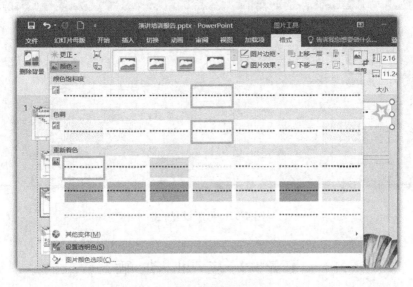

图 4-62　选择"设置透明色"选项

图 4-63　编辑母版标题样式

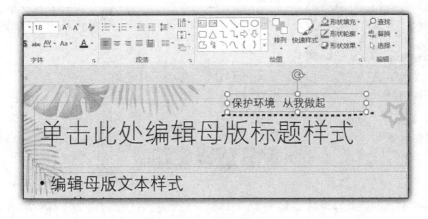

图 4-64　编辑母版标题样式（仅幻灯片 4 使用）

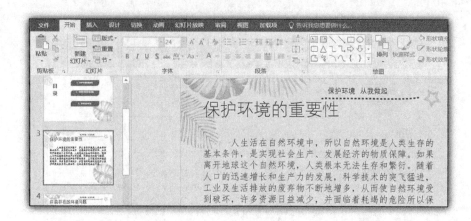

图 4-65　母版设置效果

任务 4.2　应 用 动 画

为了使幻灯片更能吸引观众的注意力，提高趣味性，可以给幻灯片添加一些动态效果。PowerPoint 的动态效果分为两种：一种是幻灯片上的各个对象在显示时的动态效果，称为幻灯片动画效果；另一种是从一张幻灯片切换到另外一张幻灯片时的动态效果，称为幻灯片切换效果。

【案例 4.2】第七届世界军人运动会（武汉军运会）宣传介绍

完成武汉军运会宣传介绍演示文稿，效果如图 4-66、图 4-67 所示。

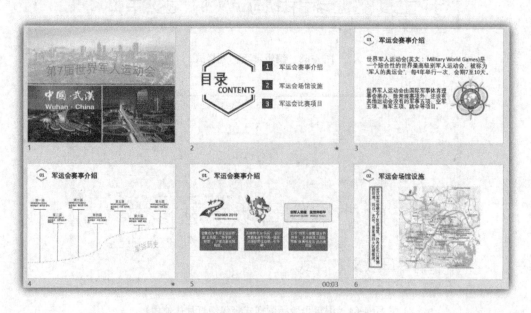

图 4-66　武汉军运会宣传介绍（第一部分）

图 4-67　武汉军运会宣传介绍（第二部分）

一、幻灯片动画效果

对幻灯片的某个对象设置动画效果，主要包括：设置动画方式（出现、飞入、闪烁等），设置动画的速度（非常慢、中速、非常快等），设置动画文本单位（字母、词、照片、符号等），设置动画出现的时机（单击鼠标时、前一个对象进入之后延迟多少秒等），以及设置伴随的声音效果（风铃声、鼓声、鼓掌声等）。

PowerPoint 中有两种类型的动画：预设动画和自定义动画。预设动画是系统预先设置好的一组动画效果，用户只需选择合适的动画方案套用即可；自定义动画则是由用户自己为幻灯片的各个对象设置的不同动画效果。

（一）添加动画效果

PowerPoint 2016 提供了预设动画功能，初级用户利用此功能可以快速地将一组预定义的动画应用于所选幻灯片或者整个演示文稿。

◎ 步骤 1　打开演示文稿，切换至第 1 张幻灯片，选中标题，单击"动画"选项卡下的"动画"组下拉按钮，展开预设的动画列表，如图 4-68 所示。

图 4-68　打开预设动画列表

◎ 步骤 2　在展开的列表中可以看到系统预设了"进入""强调""退出"和"动作路径" 4 种类型的动画方案，选择"进入"组中的"飞入"方案，如图 4-69 所示。

◎ 步骤 3　插入该动画方案后即会播放动画效果，幻灯片中的标题从下方飞入。若用户还要观看的话，可单击"动画"选项卡下"预览"组中的"预览"按钮。

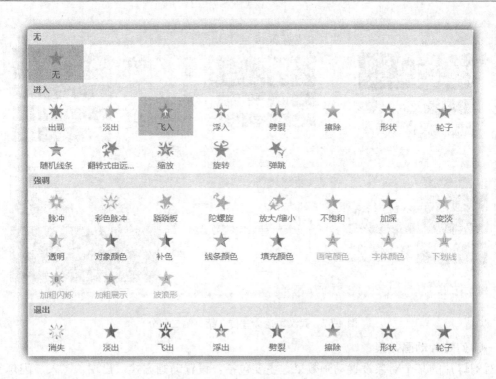

图 4-69　选择"飞入"方案

（二）设置动画效果

如果用户对预设的动画方案不满意，则可以为幻灯片中的对象添加自定义动画，还可以进一步设置动画效果。

◎ 步骤 1　选中第 1 张幻灯片的背景图片，单击"动画"选项卡下的"动画"组下拉按钮，展开预设的动画列表。选择"进入"组中的"劈裂"方案，如图 4-70 所示。

图 4-70　选择"劈裂"方案

◎ 步骤 2　点开"效果选项"按钮，在展开列表的"方向"组中选择"左右向中央收缩"，如图 4-71 所示。

◎ 步骤 3　在"动画"选项卡下"计时"组的"开始"下拉列表中选择"上一动画之后"。

（三）设置动画的声音效果

默认情况下，播放动画时是不会发出声音的。但很多时候为了使幻灯片更加生动，可以为动画添加声音效果。

　◎ 步骤 1　选中第 1 张幻灯片，单击"动画"选项卡下"高级动画"组的"动画窗格"按钮，打开动画窗格，如图 4-72 所示。

　◎ 步骤 2　弹出"动画窗格"任务窗格，选择需要添加声音效果的对象，这里选择标题，然后单击右侧的下三角按钮，在展开的下拉列表中单击"效果选项"，如图 4-73 所示。

　◎ 步骤 3　弹出"飞入"对话框，单击"效果"选

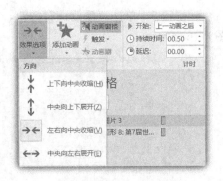

图 4-71　选择"左右向中央收缩"

项卡下"声音"下拉列表框右侧的下三角按钮，在展开的下拉列表中选择声音效果，我们选择"鼓掌"声音效果，如图 4-74 所示。

图 4-72　打开"动画窗格"

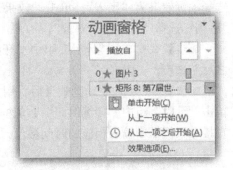

图 4-73　选择"效果选项"

　◎ 步骤 4　单击"声音"下拉列表框右侧的喇叭图标，在展开的音量框中调节音量。调节完毕之后单击"确定"按钮即可，如图 4-75 所示。

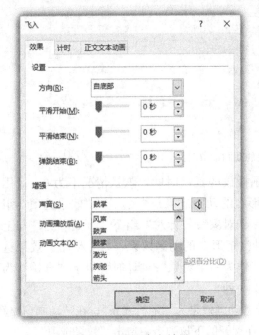

图 4-74　设置声音效果

图 4-75　调节音量

◎ 步骤 5　单击"播放自"按钮，就可以在播放幻灯片的同时听到动画播放的声音，如图 4-76 所示。

图 4-76　播放动画声音

（四）设置动画的播放时间

为对象添加了动画效果后，默认情况下动画开始播放的方式为"单击时"，即放映幻灯片时单击任意空白处即可触发播放动画。如果用户设置了其他播放方式，则需要设置动画的各种时间元素，包括持续时间和延迟时间。动画的播放时间有两种设置方式：一是在功能区设置计时选项；二是在"计时"对话框中设置。

◎ 步骤 1　选中第 2 张幻灯片的矩形 1 对象，切换到"动画"选项卡，在"动画"组中选择动画效果为"飞入"；单击"效果选项"按钮，在下拉列表中"方向"选择"自顶部"，"序列"选择"作为一个对象"。

◎ 步骤 2　单击"计时"组中"开始"下拉列表，在展开的下拉列表中选择"上一动画之后"选项。

◎ 步骤 3　添加完动画效果后，用户可以选择默认的播放时间，也可以自定义播放时间。单击"计时"组中"持续时间"数值框右侧的数字微调按钮，可以对时间进行调节，也可以直接在数值框中输入相应的时间数值，这里设置为"00.50"，即 0.5 秒，如图 4-77 所示。

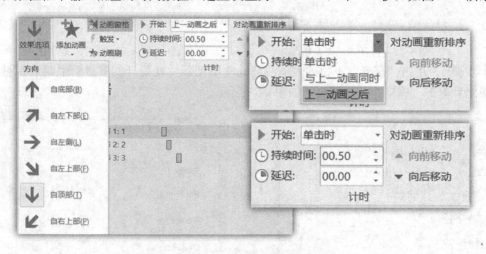

图 4-77　设置矩形对象的动画播放时间

◎ 步骤 4　在"延迟"数值框中可以设置动画播放的延迟时间，默认情况下为 0。运用相同的方式设置矩形 2 和矩形 3 的动画效果。矩形 2 的动画效果："飞入"；"效果选项"组中"方向"选择"自顶部"，"序列"选择"作为一个对象"；"计时"组下"开始"为"与上一动画同时"，持续时间 0.5 秒，延迟时间 0.5 秒。矩形 3 的动画效果："飞入"；"效果选项"组中"方向"选择"自顶部"，"序列"选择"作为一个对象"；"计时"组下"开始"为"与上一动画同时"，持续时间 0.5 秒，延迟时间 1.5 秒。

◎ 步骤 5　选择文本框"军运会赛事介绍"，设置动画效果为"随机线条"；在"动画窗格"中选择文本框 5 对象，单击其右侧的下三角按钮，在展开的下拉列表中单击"效果选项"。

◎ 步骤 6　弹出"随机线条"对话框，切换至"计时"选项卡，单击"开始"下拉列表，在展开的下拉列表中选择"上一动画之后"，延迟时间为 0.5 秒。

◎ 步骤 7　同样地，对于其他两个文本框设置动画效果："随机线条"，"计时"组下"开始"为"与上一动画同时"。三个文本框动画效果的延迟时间都为 0.5 秒，如图 4-78 所示。

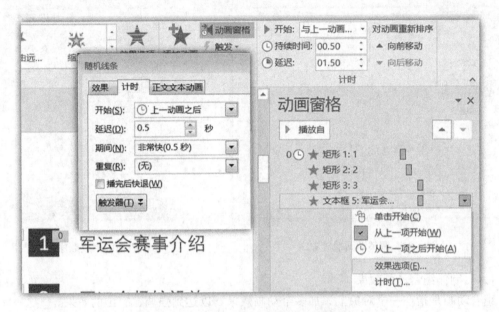

图 4-78　设置文本框对象的动画播放时间

最终动画播放时间的设置结果如图 4-79 所示。

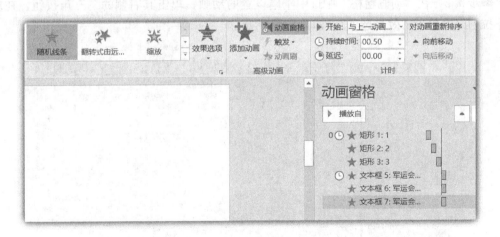

图 4-79　动画播放时间设置结果

（五）调整动画的播放顺序

在 PowerPoint 中添加动画的顺序就是动画的播放顺序，设置好动画效果后，如果发现播放顺序不理想，可以对动画播放顺序进行调整。

◎ 步骤 1　打开第 2 张幻灯片，打开"动画窗格"，选择需要调整播放顺序的对象，选择第一个文本框"运动会赛事介绍"。

◎ 步骤 2　单击"计时"组的"向前移动"按钮，可将顺序向前移动至矩形 1 和矩形 2 之间。若需将所选对象的动画延后播放，则单击"向后移动"，如图 4-80 所示。

◎ 步骤 3　三个文本框对象的播放顺序调整结果如图 4-81 所示。

图 4-80　调整动画播放顺序

图 4-81　播放顺序调整结果

（六）制作组合动画效果

组合动画是指在一个对象上添加多个动画效果，以达到强调、突出的效果。

◎ 步骤 1　切换至最后一张幻灯片，选中文本框"谢谢欣赏"，打开"动画"选项卡，在"动画"组中单击下拉按钮，在下拉列表的"进入"中选择"淡出"。

◎ 步骤 2　在"动画窗格"中选中刚刚设置的动画，单击其右侧的下三角按钮，在展开的下拉列表中单击"效果选项"，如图 4-82 所示。

图 4-82　选择"效果选项"

◎ 步骤 3　在"淡出"对话框中选中"计时"选项卡，在"开始"后的下拉列表中选择"上一动画之后"；在"期间"后的下拉列表中选择"快速（1 秒）"，单击"确定"按钮，如

图 4-83 所示。

图 4-83　设置动画开始时机和速度

◎ 步骤 4　保持文本框选中状态，在"高级动画"组中单击"添加动画"下拉按钮，在下拉列表的"强调"选项中选择"跷跷板"选项，在"开始"后的下拉列表中选择"上一动画之后"，如图 4-84 所示。

（七）动画刷

在 PowerPoint 2016 中，用户可以使用动画刷来复制一个对象的动画效果，然后将其用于另一个对象。

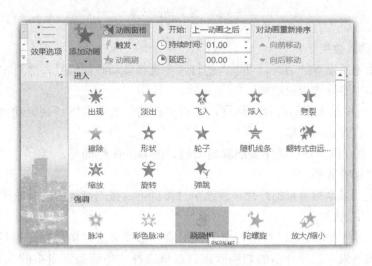

图 4-84　制作组合动画

◎ 步骤 1　在最后一张幻灯片中，选择需要复制的动画效果，这里选择文本框"谢谢欣赏"，单击"动画"选项卡下"高级动画"组中的动画刷，此时的鼠标光标会变成刷子形状，如图 4-85 所示。

图 4-85　选择动画刷

◎ 步骤 2　用刷子刷下面的文本框"汇报人……"，即可将动画效果复制到小标题上，如图 4-86 所示。

图 4-86　复制动画效果

（八）删除动画效果

如果需要删除所设置的动画，可以在幻灯片中选择该动画的编号，然后按 Delete 键；也可以在动画窗格中删除选中的动画。

◎ 步骤 1　选中第 1 张幻灯片的标题，单击"动画"选项卡下"高级动画"组中的"动画窗格"按钮，打开动画窗格。

◎ 步骤 2　在动画窗格中选中要删除的动画，按 Delete 键即可。

二、幻灯片切换效果

幻灯片切换效果是指一张幻灯片播放结束过渡到下一张幻灯片的动画效果。

（一）设置切换效果

◎ 步骤 1　切换到第 1 张幻灯片，单击"切换"选项卡下"切换到此幻灯片"组的下拉按钮，在展开的列表中选择合适的切换效果，这里选择"华丽型"组中的"百叶窗"样式，如图 4-87 所示。

◎ 步骤 2　单击"切换"选项卡下"预览"组中的"预览"按钮，可以预览切换效果，如图 4-88 所示。

图 4-87　选择"百叶窗"切换样式

图 4-88　预览切换效果

◎ 步骤 3　在幻灯片浏览窗格中选中除第 1 张之外的所有幻灯片，单击"切换"选项卡下"切换到此幻灯片"组中的"推进"效果，为多张幻灯片同时设置切换效果，如图 4-89 所示。

图 4-89　为多张幻灯片同时设置切换效果

(二) 设置幻灯片的切换方向

为幻灯片选择切换效果之后，还可以为不同的切换效果设置切换方向。

◎ 步骤 1　选中需要设置的第 1 张幻灯片，单击"切换"选项卡下"切换到此幻灯片"组的"效果选项"按钮，在展开的下拉列表中选择"水平"选项，如图 4-90 所示。

图 4-90　选择"水平"切换方向

◎ 步骤 2　选择切换方向后将自动预览效果，如需再次查看效果，可单击"预览"组的
"预览"按钮。

图 4-91　选择要添加的声音效果

（三）设置幻灯片的切换声音

在设置幻灯片的切换效果时，还可以添加切换时的声音效果，并设置声音的持续时间。

◎ 步骤 1　选中第 1 张幻灯片，单击"切换"选项卡下"计时"组的"声音"下拉列表，在展开的下拉列表中选择要添加的声音——"打字机"，如图 4-91 所示。

◎ 步骤 2　在"持续时间"数值框中设置声音持续的时间，设置的时间越长，幻灯片切换得就越慢，反之则越快，如图 4-92 所示。这里设置为"02.00"，即 2 秒。

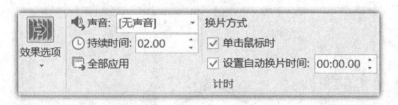

图 4-92　设置声音的持续时间

（四）设置幻灯片的换片方式

在 PowerPoint 2016 中，默认"单击鼠标时"播放切换效果；用户也可以设置自动换片，并设置自动换片的时间。

◎ 步骤 1　选中第 1 张幻灯片，在"切换"选项卡下"计时"组的"换片方式"中选择换片方式，勾选"设置自动换片时间"复选框。

◎ 步骤 2　单击"设置自动换片时间"数值框右侧的按钮，设置经过多少秒后切换到下一张幻灯片。这里调整为"00: 05.00"，即 5 秒。

三、超链接

在演示文稿中创建超链接后，可以从一张幻灯快速链接到另一张幻灯片，也可以链接到文件或者网页。

（一）链接到其他幻灯片

◎ 步骤 1　切换到第 2 张幻灯片，选中"军运会赛事介绍"文本框，打开"插入"选项卡，在"链接"组中单击"超链接"按钮，如图 4-93 所示。

◎ 步骤 2　弹出"插入超链接"对话框，在"链接到"区域中选择"本文档中的位置"，如图 4-94 所示。

◎ 步骤 3　在"请选择文档中的位置"列表中选择"幻灯片 3"，单击"确定"按钮，完成超链接的添加，如图 4-95 所示。

◎ 步骤 4　同样地，对于第 2 张幻灯片上的其他两个文本框，也可采用同样的方法，分别链接到"幻灯片 6"和"幻灯片 11"。

图 4-93　选择"超链接"选项

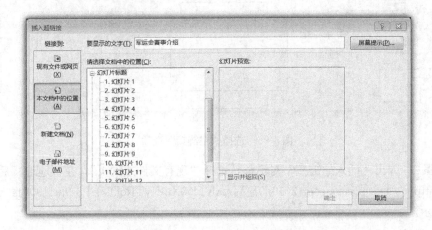

图 4-94　选择"本文档中的位置"

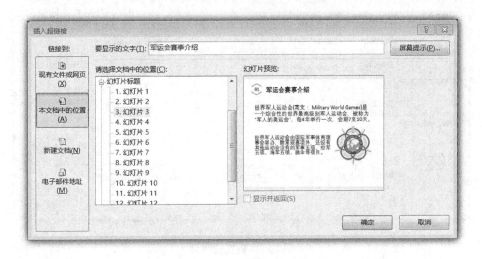

图 4-95　链接到幻灯片 3

（二）链接到网页

在 PowerPoint 中还可以添加网络链接，通过单击指定对象直接打开指定的网页。

◎ 步骤 1　选择第 11 张幻灯片，选中文本"空军五项"，右击鼠标，在展开的菜单中选择"超链接"命令，如图 4-96 所示。

图 4-96　选择"超链接"选项

◎ 步骤 2　弹出"插入超链接"对话框，选择"现有文件或网页"，在"地址"后面输入网页地址：http://sports.cctv.com/2019/05/14/ARTI60XuEJyTRqD2GsP3z9mq190514.shtml，如图 4-97 所示。

图 4-97　链接到网页

（三）链接到其他文件

除了可以链接到其他幻灯片和网页之外，还可以为幻灯片的对象添加超链接到其他文件。

◎ 步骤 1　选中要添加超链接的对象，打开"插入超链接"对话框，选择"现有文件或网页"，单击"浏览文件"按钮，如图 4-98 所示。

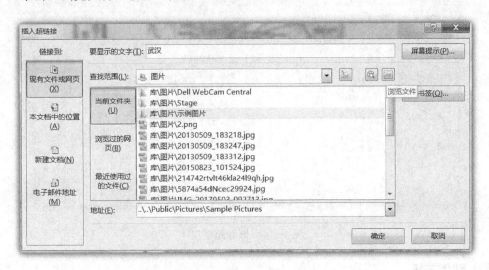

图 4-98　选择当前文件

◎ 步骤 2　弹出"链接到文件"对话框，选中需要链接到的文件，单击"打开"按钮，如图 4-99 所示。

图 4-99　链接到文件

（四）删除超链接

如果已经创建完成的超链接不需要了，可以直接删除超链接。

◎ 步骤 1　选中需要删除超链接的对象，然后单击"插入"选项卡下"链接"组中的"超链接"按钮。

◎ 步骤 2　弹出"编辑超链接"对话框，单击"删除链接"按钮即可，如图 4-100 所示。

图 4-100　删除超链接

四、动作按钮

PowerPoint 中预置了一组带有特定动作的图形按钮，默认分别指向前一张、后一张、第一张、最后一张幻灯片和播放声音、视频等的链接，如图 4-101 所示。

图 4-101　动作按钮

◎ 步骤 1　选中第 5 张幻灯片，切换到"插入"选项卡，在"插图"组的"形状"列表中选择"动作按钮"的最后一个选项。

◎ 步骤 2　插入自定义按钮后会自动弹出"操作设置"对话框，选中"超链接到"单选按钮，并在下拉列表中选择"幻灯片…"选项，如图 4-102 所示。

◎ 步骤 3　在弹出的"超链接到幻灯片"对话框中，在"幻灯片标题"选项区域选择"幻灯片 2"，单击"确定"按钮，如图 4-103 所示。

◎ 步骤 4　返回到"操作设置"对话框，再单击"确定"按钮，如图 4-104 所示。

◎ 步骤 5　右击添加的"自定义动作按钮"，在快捷菜单中选择"编辑文字"，如图 4-105 所示。

◎ 步骤 6　输入文字"返回目录"，并调整按钮大小和位置，完成效果如图 4-106 所示。

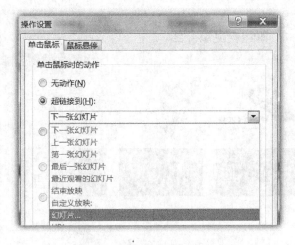

图 4-102 "操作设置"对话框

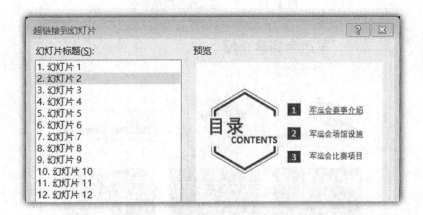

图 4-103 "超链接到幻灯片"对话框

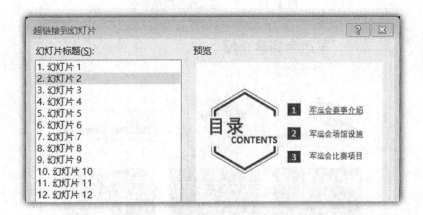

图 4-104 返回"操作设置"对话框

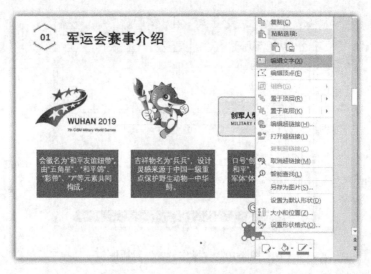

图 4-105 为自定义动作按钮命名

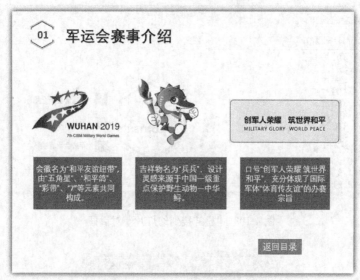

图 4-106 动作按钮设置效果

当单击"返回目录"按钮时，幻灯片会跳到第 2 张幻灯片，显示目录内容。

任务 4.3 插 入 媒 体 文 件

在为幻灯片添加了动画效果和切换效果之后，幻灯片就可以动起来了。如果要使演示文稿更加丰富、更具观赏性，可以在幻灯片中添加多媒体元素，包括音频和视频等。

【案例 4.3】绘声绘影武汉军运会

一、插入声音对象

（一）插入音频文件

通过在幻灯片中插入计算机中的音频文件，可以为幻灯片的播放设置背景音乐，使得幻灯片更有感染力。

◎ 步骤 1　打开"武汉军运会宣传介绍"演示文稿，选中第 1 张幻灯片，切换到"插入"选项卡，在"媒体"组中单击"音频"下拉按钮，在下拉列表中选择"PC 上的音频"选项，如图 4-107 所示。

图 4-107　选择"PC 上的音频"

◎ 步骤 2　弹出"插入音频"对话框，选择需要插入的音频文件，单击"插入"按钮，选中的音频文件即被插入幻灯片中，如图 4-108 所示。

图 4-108　插入音频文件

（二）录制声音

除了可以插入计算机中的音频文件，还可以使用 PowerPoint 的录制音频功能，将录制的解说或者旁白插入幻灯片中，使得观众除了可以看到幻灯片的画面，还可以听到录制的解说和旁白，从而加深对幻灯片的理解。

◎ 步骤 1　选择幻灯片，打开"插入"选项卡，在"媒体"组中单击"音频"下拉按钮，在下拉列表中选择"录制音频"选项，如图 4-109 所示。

◎ 步骤 2　弹出"录制声音"对话框，在"名称"文本框中输入名称，单击 ● 按钮，开始录制声音。录制过程中单击 ■ 按钮可暂停录制，单击 ▶ 按钮可继续录制，如图 4-110 所示。

图 4-109 选择"录制音频"选项

图 4-110 "录制声音"对话框

◎ 步骤 3 录制完成后单击"确定"按钮，关闭对话框，录制好的音频将自动插入当前幻灯片中，如图 4-111 所示。

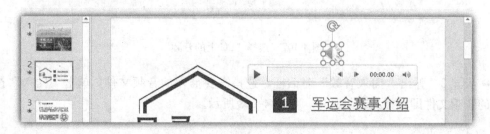

图 4-111 自动插入录制好的音频

（三）音频的剪辑

PowerPoint 2016 还提供了剪辑音频功能，通过指定开始时间和结束时间可剪裁掉音频首尾多余的部分。

◎ 步骤 1 选择音频图标，打开"音频工具-播放"选项卡，在"编辑"组中单击"裁剪音频"按钮，如图 4-112 所示。

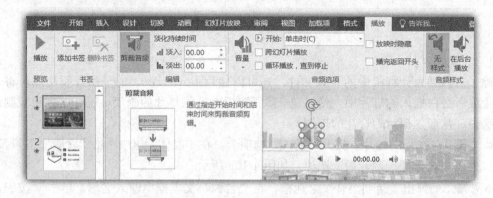

图 4-112 选择"剪辑音频"按钮

◎ 步骤 2 弹出"裁剪音频"对话框，拖动开始时间和结束时间滑块，对音频进行裁剪，如图 4-113 所示。

◎ 步骤 3 裁剪完成后，单击"确定"按钮关闭对话框。

图 4-113　剪裁音频

（四）设置选项

音频选项包括开始方式，放映时隐藏声音图标，"循环播放，直到停止"，播放完返回开头和音量等。

◎ 步骤 1　选中声音图标，单击"音频工具-播放"选项卡下"音频选项"组中的"音量"按钮，在展开的下拉列表中单击"中"选项，如图 4-114 所示。

◎ 步骤 2　单击"开始"下拉列表右侧的下三角按钮，在展开的下拉列表中选择"自动"选项，则放映到此幻灯片时会自动播放声音；在"音频选项"组中勾选"放映时隐藏"复选框，则在播放声音时会隐藏声音图标，如图 4-115 所示。

◎ 步骤 3　如果希望幻灯片中的音频一直播放，直到跳转到其他幻灯片或者演示文稿放映结束，可在"音频选项"组中勾选"循环播放，直到停止"复选框；勾选"跨幻灯片播放"，则会在整个幻灯片放映期间都播放音频文件，如图 4-116 所示。

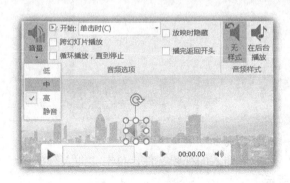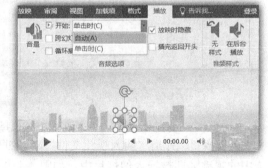

图 4-114　设置音量　　　　　　　图 4-115　设置开始方式及放映时隐藏声音图标

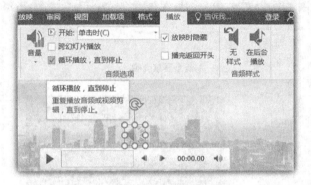

图 4-116　设置音频持续播放

二、插入视频

除了动画和声音，还可以在演示文稿中插入视频，从而使幻灯片的内容变得更加丰富。

（一）插入视频文件

◎ 步骤 1　在第 5 张幻灯片后插入一张新的幻灯片，插入文本框，效果如图 4-117 所示。

图 4-117　插入新幻灯片

◎ 步骤 2　打开"插入"选项卡，在"媒体"组中单击"视频"下拉按钮，在下拉列表中选择"PC 上的视频"选项，如图 4-118 所示。

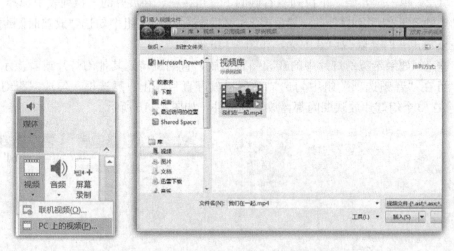

图 4-118　选择"PC 上的视频"

◎ 步骤 3　弹出"插入视频文件"对话框，选中要插入的视频文件，单击"插入"按钮，选中的视频随即被插入幻灯片中，如图 4-119 所示。

图 4-119　插入视频文件

◎ 步骤 4　调整视频的大小和位置。单击视频播放工具栏中的"播放/暂停"按钮，对视频进行预览，如图 4-120 所示。

图 4-120　预览视频

（二）设置标牌框架

标牌框架是指幻灯片视频图标中显示的画面。默认情况下，以视频文件的第 1 帧为视频图标画面。PowerPoint 2016 的标牌框架功能可以让用户随心所欲地选择一幅图像作为视频图标画面。

◎ 步骤 1　选中视频图标，单击"视频工具-格式"选项卡下"调整"组中的"标牌框架"按钮，在展开的下拉列表中单击"文件中的图像"选项，如图 4-121 所示。

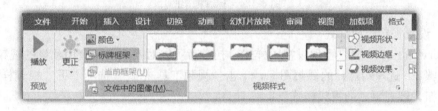

图 4-121　选择"文件中的图像"

◎ 步骤 2　弹出"插入图片"选项面板，单击"浏览"按钮，如图 4-122 所示。

◎ 步骤 3　弹出"插入图片"对话框，在地址栏中选择图片保存的位置，找到图片，单击"插入"按钮，如图 4-123 所示。

图 4-122　"插入图片"选项面板　　　　图 4-123　"插入图片"对话框

◎ 步骤 4 此时视频图标的画面显示为添加的标牌框架图片，如图 4-124 所示。在播放视频时，会先显示标牌框架图像，之后逐渐切换到视频内容。

图 4-124 标牌框架图片

（三）设置视频画面样式

PowerPoint 2016 提供了预设视频样式，初学者可以对视频画面应用预设的视频样式。

◎ 步骤 1 选择幻灯片的视频图标，单击"视频工具-格式"选项卡下"视频样式"组中的下拉按钮，展开更多的视频样式。

◎ 步骤 2 在展开的列表中选择需要的视频样式，这里选择"中等"组中的"中等复杂框架，渐变"样式，如图 4-125 所示。

图 4-125 选择预设视频样式

◎ 步骤 3 此时对选中的视频图标画面应用了指定视频样式，应用效果如图 4-126 所示。

（四）设置视频选项

视频文件播放的开始方式有两种：一种是单击时开始播放；另一种是自动开始播放，即放映到视频文件所在的幻灯片时自动开始播放视频文件。

◎ 步骤 1 选择幻灯片中的视频图标，在"视频选项"组中单击"音量"按钮，然后在展开的下拉列表中单击"中"选项，如图 4-127 所示。

图 4-126　应用效果

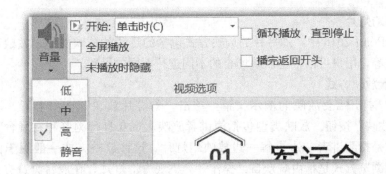

图 4-127　设置视频音量

◎ 步骤 2　单击"视频工具-播放"选项卡下"视频选项"组中"开始"右侧的下三角按钮，在展开的下拉列表中选择"自动"选项，如图 4-128 所示。

图 4-128　设置视频开始方式

◎ 步骤 3　在"视频选项"组中勾选"全屏播放"复选框，可以设置视频文件为全屏播放；在"视频选项"组中勾选"循环播放，直到停止"复选框，可以让视频循环播放，如图 4-129 所示。

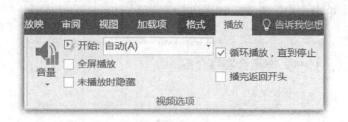

图 4-129   设置视频播放方式

任务 4.4   放映和输出幻灯片

当演示文稿创建完成之后，就可以进行演示文稿的放映了。为了让幻灯片放映能更好地表达作者的观点，可以在放映之前进行统筹安排。

【案例 4.4】武汉军运会宣传片的放映和输出

一、放映幻灯片

在 PowerPoint 2016 中，幻灯片的放映方式包括幻灯片的放映类型、放映范围、放映选项、换片方式等，用户可以根据放映场合的不同进行不同的设置。

（一）设置放映方式

◎ 步骤 1   打开需要放映的演示文稿，单击"幻灯片放映"选项卡下"设置"组中的"设置幻灯片放映"按钮。放映类型包括演讲者放映、观众自行浏览和在展台浏览三种。演讲者放映方式是指演讲者一边讲解一边放映幻灯片，这种放映方式一般用于比较正式的场合；观众自行浏览方式是指由观众自己操作计算机观看幻灯片；在展台浏览方式是指在展览会或类似场合，让幻灯片自动放映而不需要演讲操作。

◎ 步骤 2   弹出"设置放映方式"对话框，在"放映类型"组中选择放映类型，如图 4-130 所示。

◎ 步骤 3   在"放映幻灯片"组中单击"从……到"单选按钮，在"从"后面的数值框中输入幻灯片放映开始的页码，在"到"后面的数值框中输入幻灯片放映结束的页码。

◎ 步骤 4   在"放映选项"组中有四个复选框，如果需要则勾选。单击"激光笔颜色"下拉列表按钮，在展开的下拉列表中可选择需要的颜色，为激光笔设置颜色。

◎ 步骤 5   在"换片方式"组中单击"手动"单选按钮，则不使用演示文稿中幻灯片所添加的排练计时，只使用鼠标单击进行换片。

（二）录制旁白

在放映幻灯片时，常常要对幻灯片内容进行讲解，用户可以为讲解内容提前录制好旁白。

◎ 步骤 1   选择需要录旁白的幻灯片，打开"幻灯片放映"选项卡，在"设置"组中单击"录制幻灯片演示"下拉按钮，在下拉列表中选择"从当前幻灯片开始录制"选项，如图 4-131 所示。

图 4-130　"设置放映方式"对话框

◎ 步骤 2　弹出"录制幻灯片演示"对话框，勾选"幻灯片和动画计时"和"旁白、墨迹和激光笔"复选框，单击"开始录制"按钮进行录制，如图 4-132 所示。

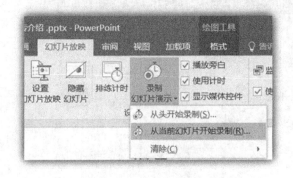

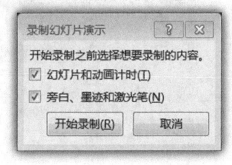

图 4-131　选择"从当前幻灯片开始录制"选项　　　　图 4-132　"录制幻灯片演示"对话框

◎ 步骤 3　幻灯片进入全屏放映模式，在幻灯片左上角出现"录制"工具栏，开始录制"旁白"；单击"下一项"按钮，开始录制下一个对象，如图 4-133 所示。

◎ 步骤 4　录制旁白时，单击"暂停录制"按钮可以暂停录制；在弹出的对话框中单击"继续录制"按钮，可继续录制旁白，如图 4-134 所示。

图 4-133　开始录制"旁白"　　　　　　　　　图 4-134　暂停录制

◎ 步骤 5　录制完成后，按 Esc 键退出录制模式，此时在幻灯片右下角会出现一个音频图标，如图 4-135 所示。

图 4-135　完成录制

◎ 步骤 6　若要删除旁白，则再次单击"录制幻灯片演示"下拉按钮，在下拉列表中选择"清除"选项，在其下级列表中选择"清除当前幻灯片中的旁白"选项即可，如图 4-136 所示。

（三）放映幻灯片的方法

幻灯片的放映方法分为普通放映和自定义放映两种。默认的放映方法为普通放映；用户也可以根据需要，自定义幻灯片的放映方法。普通放映又有"从头开始"和"从当前幻灯片开始"两种，如图 4-137 所示。

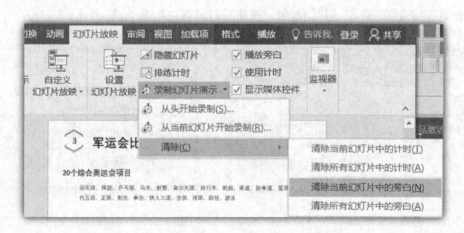

图 4-136　删除旁白

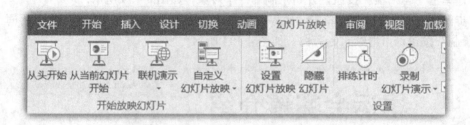

图 4-137　幻灯片放映方法

（1）从头开始放映即不管当前是哪一张幻灯片，都从第 1 张幻灯片开始放映。单击"幻灯片放映"选项卡下"开始放映幻灯片"组中的"从头开始"按钮，系统就会自动从头开始放映幻灯片，用户可以通过单击鼠标、按 Enter 键或空格键来切换到下一张幻灯片。

（2）从当前幻灯片开始放映即从用户所选的幻灯片开始放映。单击"幻灯片放映"选项卡下"开始放映幻灯片"组中的"从当前幻灯片开始"按钮，系统就会从当前幻灯片开始放映幻灯片。

◎ 步骤 1　将演示文稿切换至"幻灯片放映"选项卡，单击"开始放映幻灯片"组中的"自定义幻灯片放映"按钮，在展开的下拉列表中选择"自定义放映"选项，如图 4-138 所示。

图 4-138　选择"自定义放映"选项

◎ 步骤 2　在弹出的"自定义放映"对话框中，单击"新建"按钮。

◎ 步骤 3　弹出"定义自定义放映"对话框。用户可在"在演示文稿中的幻灯片"列表框中选择需要放映的幻灯片，单击中间的"添加"按钮，即可将选中的幻灯片添加到右侧的"在自定义放映中的幻灯片"列表框中，如图 4-139 所示。

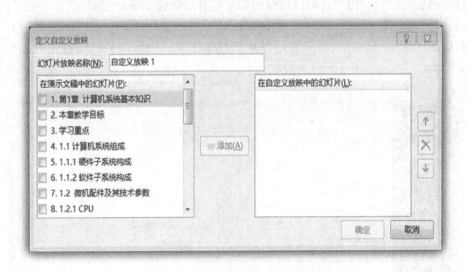

图 4-139　"定义自定义放映"对话框

◎ 步骤 4　单击"确定"按钮，返回"自定义放映"对话框，用户单击"放映"按钮，就可以查看自定义幻灯片的放映效果了。

（四）为幻灯片添加注释

在幻灯片中添加注释内容，可以帮助演讲者更好地讲解，也有助于观众更好地理解幻灯片所表达的内容。

◎ 步骤 1　在放映到某一张幻灯片时，单击鼠标右键，在弹出的快捷菜单中选择"指针选项",再在子菜单中选择"笔"命令,如图 4-140 所示。

◎ 步骤 2   当鼠标指针变成一个点时,就可以在幻灯片中添加注释了。

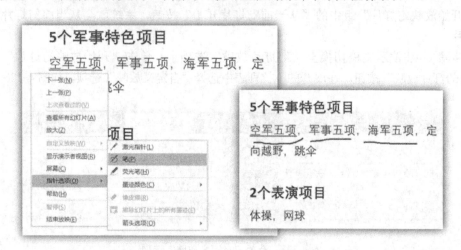

图 4-140   添加注释

◎ 步骤 3   对于添加的注释,也可以根据需要把它擦除。在放映的幻灯片上右击鼠标,在弹出的快捷菜单中选择"指针选项",再在子菜单中选择"橡皮擦"命令即可。

二、打印与输出演示文稿

幻灯片编辑完成后,用户就可以根据实际需要打印和输出演示文稿。

(一)打印演示文稿

在打印演示文稿时,可以将所有幻灯片都打印出来,也可以只打印指定的幻灯片,如图 4-141 所示。

图 4-141   打印演示文稿

(二)输出演示文稿

对于制作好的演示文稿,为了方便在不同环境中使用,可将幻灯片以不同的形式输出。

1. 输出为 PDF 文档

将演示文稿输出为 PDF 文档,可以在不打开 PowerPoint 的情况下浏览幻灯片的内容,同时还可以禁止其他人对幻灯片内容的修改。

◎ 步骤 1　打开要导出的演示文稿，选择"文件-导出-创建 PDF/XPS 文档"，单击"创建 PDF/XPS"按钮，如图 4-142 所示。

图 4-142　选择"创建 PDF/XPS"

◎ 步骤 2　弹出"发布为 PDF 或 XPS"对话框，设置发布路径和文件名，单击"保存类型"下拉按钮，在下拉列表中选择 PDF 选项，如图 4-143 所示。

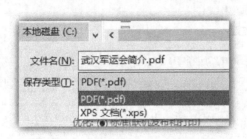

图 4-143　"发布为 PDF 或 XPS"对话框

◎ 步骤 3　单击"选项"按钮，打开"选项"对话框。在"选项"对话框中可以设置发布的范围，选择要不要对隐藏的幻灯片进行发布等。设置好之后单击"确定"按钮，返回"发布为 PDF 或 XPS"对话框，如图 4-144 所示。

◎ 步骤 4　单击"发布"按钮，开始发布幻灯片。在发布的过程中会弹出"正在发布"提示框，显示发布进度。发布完成后，该提示框会自动关闭。

◎ 步骤 5　发布完成后，双击 PDF 文件即可打开该 PDF 文件，如图 4-145 所示。

2. 导出为视频

将演示文稿导出为视频，可以以视频的形式浏览幻灯片的内容。

图 4-144　"选项"对话框

◎ 步骤 1　在"文件"菜单中选择"导出"选项，在"导出"选项列表中选择"创建视频"选项，然后单击"创建视频"按钮，如图 4-146 所示。

　◎ 步骤 2　弹出"另存为"对话框，选择文件路径，输入文件名，单击"保存"按钮。

　◎ 步骤 3　系统开始将幻灯片制作成视频，视频制作完成后，在保存位置双击视频即可放映视频。

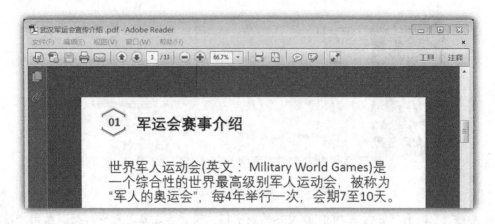

图 4-145　PDF 文件

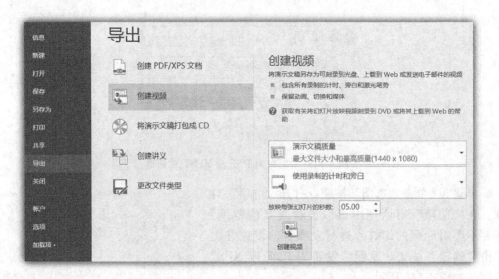

图 4-146　选择"创建视频"

第 5 章　Excel 2016 电子表格处理

Excel 是一款电子表格处理软件，是 Microsoft Office 办公软件中应用最广的组件之一。直观的界面、出色的计算功能和图表工具，再加上成功的市场营销，使得 Excel 成为 Windows 平台上最流行的个人计算机数据处理软件。

Excel 2016 无论是在操作界面上，还是在功能方面都比之前的版本有了很大的改进。Excel 2016 在功能方面的改进主要包括：①添加了墨迹公式，用户可以使用手指或触摸笔在编辑区域手动写入数学公式；②新增了树状图、旭日图、直方图、排列图、箱形图与瀑布图 6 种图表，使得数据的表示形式更加多样化和直观化；③内置了 3D 地图，用户可轻松地插入三维地图，并与二维地图同步播放；④内置了 PowerQuery，无须额外安装；⑤"数据"选项卡中新增了"工作表数据预测"功能，使得数据的预测操作更加方便；⑥增强了数据透视图表功能，包括自动关系检测、自动时间分组、智能重命名、自定义度量值等。

教学目的和要求

- 掌握 Excel 2016 窗口的基本结构；
- 掌握工作簿、工作表、单元格、单元格区域的概念；
- 掌握 Excel 所支持的数据类型；
- 掌握工作簿、工作表的创建与管理；
- 掌握工作表的编辑，掌握单元格、工作表的格式设置；
- 掌握公式的使用、单元格的引用和常用函数的使用；
- 掌握数据排序、数据筛选和分类汇总；
- 掌握数据透视表的创建和应用；
- 掌握常见图表的制作方法；
- 掌握超大表格跨页打印的页面设置技术。

任务 5.1　了解 Excel 和电子表格

【案例 5.1】棋牌协会会员登记表

某组织在 2018 年创立了一个棋牌协会，为了方便地进行内部管理和高质量地服务于会员，该协会需要记录每个会员的基本信息，如姓名、入会时间、缴费记录等，如图 5-1 所示。

XX棋牌协会会员登记表								
会费标准		编号	姓名	入会日期	VIP会员	缴费记录			
						2018	2019	2020	2021
VIP	¥24.00	001011	江海南	2018/10/1	TRUE	24.00	24.00	24.00	6.00
非VIP	¥12.00	001012	苏西藏	2018/10/1	TRUE	24.00	24.00	24.00	24.00
		001013	宋浙江	2018/10/1		12.00			
		001014	黎湖南	2019/5/20			12.00	12.00	
		001015	傅广东	2019/5/20	TRUE		24.00	24.00	
		001016	张湖北	2019/5/20			12.00	12.00	
		001017	刘青海	2020/9/1				12.00	
		001018	王武汉	2020/9/1				12.00	12.00

图 5-1　棋牌协会会员登记表

一、预备知识

（一）电子表格与 Excel

电子表格在计算机中也是以文件的形式存储的，Microsoft Excel 就是处理这样一种文件的 Office 套件。在 Excel 中，电子表格文件称为工作簿，其文件扩展名为 .xls 或 .xlsx。通俗来讲，工作簿就是一本电子账簿，其由一张张账页组成，在每一张账页上都画了很多格子，记账就是把数据写入某一账页的某一格子里。工作簿中的账页我们称为工作表，表中的格子称为单元格。

Excel 不仅能用于制表，它还具有强大的数据计算和信息处理能力，内置函数达 400 多个，涵盖财务、统计、工程、数据库等专业领域。

（二）Excel 2016 工作界面

1. 工作表相关

在 Excel 2016 工作界面（见图 5-2）左下方有三组按钮或标签：工作表标签区、新工作

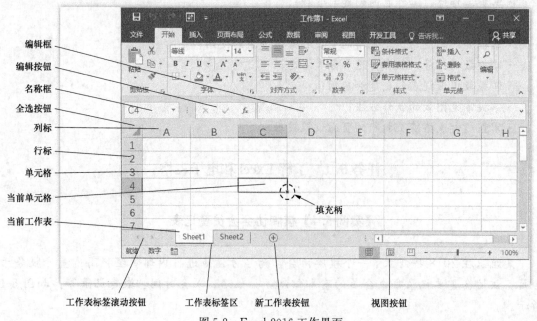

图 5-2　Excel 2016 工作界面

表按钮和工作表标签滚动按钮。工作表标签用于切换要编辑或查看的工作表，窗口中显示的工作表称为当前工作表或选定的工作表。若工作簿中有多张工作表而其标签无法在工作表标签区全部显示时，可通过"工作表标签滚动按钮"滚动到可视区内。

若要新建一张空白工作表，可单击"新工作表"按钮。

2. 单元格相关

(1) 单元格。Excel 工作表中，行和列交叉的位置就是单元格。

每个单元格在工作表中都有唯一标识，此称为单元格的名称。Excel 中列号（横坐标）使用英文字母表示，行号（纵坐标）使用数字表示，第 1 列为 A 列、第 2 列为 B 列，第 27 列为 AA 列……第 A 列、第 1 行的单元格名称为 A1，第 AA 列、第 100 行的单元格名称为 AA100。

在 Excel 2016 中，共有 1048576（2^{20}）行和 16384（2^{14}）列。如果想快速到达最后一行和最后一列，可先任意选中一个单元格，然后按下 Ctrl＋"方向"组合键，四个方向键代表四个方向，与 Ctrl 组合，可以到达最底行和最右列，以及最上行和最左列。

(2) 当前单元格。当前单元格就是当前选定的单元格，Excel 用粗实线框起来，框的右下角有一个实心小方块，称为"填充柄"，拖动它可以把当前单元格的数据、格式、公式等快速填充到其他单元格。

(3) 单元格区域。单元格区域即多个单元格的集合。连续区域的表示方法是：区域的左上角单元格的名称和右下角单元格的名称通过"："连接（实际上是一种运算）起来。例如，A2: C5 表示从 A2 到 C5 矩形框内 12 个单元格的区域。分离区域的表示法是：名称, 名称。例如，A2, C3 表示由两个单元格组成的区域。

在行标与列标交叉的位置（工作区左上角）有一"全选"按钮，单击它，可选定当前工作表的所有单元格。

(4) 编辑栏。编辑栏包括三个部分：名称框、编辑按钮和编辑框。名称框用于显示或自定义"选定单元格"或"选定单元格区域"的名称，也可通过名称框直接选定指定的单元格或区域；编辑框用于编辑单元格或图表中的值或公式；编辑按钮用于对编辑框中输入的数据、公式进行确认或取消，其中 f_x 按钮用于选择内置函数。

(三) Excel 数据类型

在 Excel 的单元格中可以输入多种类型的数据，这些数据类型包括文本型、数值型、日期型/时间型、逻辑型等。下面简单介绍这几种类型的数据。

1. 文本型数据

在 Excel 中，文本型数据包括汉字、英文字母、数字、空格等，每个单元格最多可容纳 32000 个字符。默认情况下，文本数据自动沿单元格左边对齐。当输入的文本超出了当前单元格的宽度时，如果右边相邻单元格中没有数据，那么文本会往右延伸；如果右边单元格中有数据，超出的那部分数据就会被隐藏起来，只有把单元格的宽度变大后才能显示出来。

如果要输入的文本全部由数字组成，如邮政编码、电话号码、学号、身份证号、分数样子的文本等，为了避免 Excel 把它按数值型数据处理，在输入时可以先输一个单引号"'"（半角英文符号），再输入具体的数字。例如，在单元格中输入会员编号"001011"时，先连续输入"'001011"，然后按 Enter 键，出现在单元格中的就是"001011"，并自动左对齐；若直接输入"001011"，结果将是"1011"，即会变成数值类型数据。

2. 数值型数据

在 Excel 中，数值型数据包括 0～9 中的数字，以及含有正号、负号、货币符号、百分号等任一种符号的数据。默认情况下，数值自动沿单元格右边对齐。在输入过程中，要特别注意以下两种比较特殊的情况：

（1）负数。要在单元格中输入负数，在数值前加一个"－"号或把数值放在括号里都可以。例如，要在单元格中输入"－66"，可以输入"－66"或"（66）"，然后按 Enter 键，单元格中都会出现"－66"。

（2）分数。要在单元格中输入除"带分数"之外的分数形式的数据，应先在编辑框中输入"0"和一个空格，然后再输入分数，否则 Excel 会把分数当作日期处理。例如，要在单元格中输入分数 2/3，应先在编辑框中输入"0"和一个空格，接着输入"2/3"，按 Enter 键，单元格中就会出现分数"2/3"。输入"假分数"时，Excel 以"带分数"的方式显示，如输入 5/3，则显示为"1 2/3"（一又三分之二），整数和分数之间有一个空格；输入"带分数"时不需在前加"0"，但整数部分和分数部分一定要用一个空格分开。注意：这里的空格只能是一个，多了就变成文本型数据了。

3. 日期型/时间型数据

日期型/时间型数据是一种可做加减运算的数据类型，其内部表示实际上是数值型的，但在语义上不同于数值型；整数部分仅用于表示 1900/1/1～9999/12/31 的日期，而小数部分则用于表示 0: 0: 0～23: 59: 59 的时间。输入错误的年月日或错误的时分秒将被视为文本型或数值型数据。

（1）输入日期时，年、月、日之间要用"/"号或"-"号隔开，如"2021-2-16"或"2021/2/16"。

（2）输入时间时，时、分、秒之间要用冒号隔开，如"10: 29: 36"。

（3）若要在单元格中同时输入日期和时间，则日期和时间之间应该用空格隔开。

4. 逻辑型数据

逻辑型数据用于表示"是/否""真/假""对/错"等判断的结果或状态。Excel 中的逻辑型值为：TRUE 和 FLASE，TRUE 表示"真"（是、对），FALSE 表示"假"（否、错）。

（四）Excel 的基本操作

1. 创建工作簿

单击常用工具栏中的"新建"按钮，可直接创建一个新工作簿。选择菜单"文件"→"新建"命令，打开"新建工作簿"任务窗格，其中显示有新建工作簿向导，用户可以选择创建一个空白工作簿，也可以选择从模板创建，如图 5-3 所示。

2. 保存工作簿

可单击快速访问工具栏中的"保存"按钮进行保存，也可在"开始"选项卡中进行保存。第一次保存时直接使用"另存为"功能，更改内容后关闭工作簿，程序会自动询问是否保存，如图 5-4 所示。

3. 打开工作簿

可以先启动 Excel，单击常用工具栏上的"打开"按钮；也可以选择菜单"文件"→"打开"命令，从弹出的"打开"对话框中选择要打开的工作簿文件予以打开；还可以在资源管理器中先找到要打开的工作簿文件，然后用鼠标双击文件名即可打开。

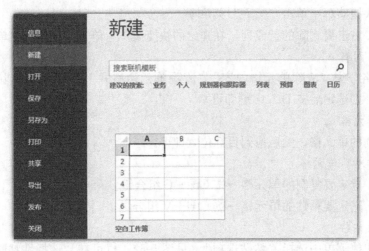

图 5-3　新建工作簿

4. 插入工作表

默认情况下，Excel 2016 中一个工作簿包含 1 个工作表，当需要更多工作表时，可直接单击工作表标签右边的"新工作表"按钮，插入新的工作表。

5. 切换工作表

虽然工作簿中有多个工作表，但工作簿窗口每次只能显示一个工作表，称为当前工作表。若要对其他工作表进行操作，则需要

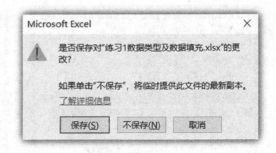

图 5-4　退出对话框

将其切换为当前工作表。切换方法是：用鼠标单击要切换为当前工作表的工作表标签即可。

6. 移动工作表的位置

用鼠标拖动工作表标签即可。

7. 复制工作表

按下 Ctrl 键的同时移动工作表，即可实现工作表的复制。

8. 工作表重命名

双击工作表标签进入编辑状态，或在快捷菜单中选择"重命名"，输入新名字后按 Enter 键即可。

9. 删除工作表

右击将要删除的工作表标签，从快捷菜单中选择"删除"即可。工作表删除后是不可恢复的。

10. 选定整行或整列

单击行标选整行，单击列标选整列。

11. 选定所有行和列

单击全选按钮（行标和列标交叉处），或按 Ctrl＋A 组合键。

12. 插入、删除行或列

（1）插入。在当前行或列之前插入。例如，如果要在第 2 行之前插入一行，则右击第 2

行，在弹出的快捷菜单中单击"插入"菜单项。

（2）删除。右击要删除的行或列，在弹出的快捷菜单中单击"删除"菜单项。

13. 清除单元格

清除单元格分为"清除单元格内容""清除单元格格式"和"全部清除"三类。若仅需要清除内容，则选定后按 Delete 键即可。

14. 移动单元格

选定要移动的单元格，然后拖到目标位置即可。

15. 复制和粘贴单元格

（1）复制。选定要复制的单元格→按 Ctrl＋C 组合键。

（2）粘贴。选定要粘贴的单元格→按 Ctrl＋V 组合键。

16. 选择性粘贴

可直接在快捷菜单中选择"粘贴选项"（见图 5-5），也可在"选择性粘贴"对话框中进行选择（见图 5-6）。要了解哪些情况下需要使用选择性粘贴。

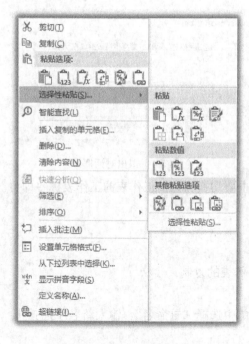

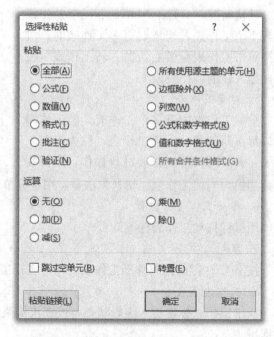

图 5-5　通过快捷菜单进行　　　　图 5-6　通过"选择性粘贴"对话框进行

17. 选择相连单元格区域——矩形区域

（1）鼠标左键按下矩形区域任一角的单元格不松开→移动鼠标到矩形对角单元格→松开鼠标。

（2）单击矩形区域任一角的单元格→按下 Shift 键不松开→单击矩形对角单元格。

18. 选择不相连单元格区域

选定一区域（或单元格）→按下 Ctrl 键不松开→依次单击要增加选定的单元格或区域。

二、案例实现

（一）输入编号

方法一：

◎ 步骤 1　单击/选定单元格 D4。

◎ 步骤 2　输入 "'001011"，按 Enter 键。

◎ 步骤 3　填充单元格 D5 到 D11。其中一种方法是：选定单元格 D4，将鼠标移至该单元格右下角的填充柄，当光标呈实心十字时向下拖动鼠标到单元格 D11，如图 5-7 所示。

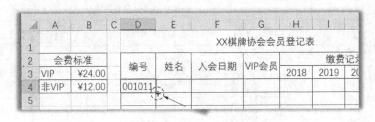

图 5-7　呈实心十字光标时拖动填充柄填充编号序列

方法二：

◎ 步骤 1　在单元格 D4 中输入 "'001011"。

◎ 步骤 2　选定单元格区域 D4: D11。

◎ 步骤 3　单击 "开始" 功能区 "编辑" 组中的 "填充" 按钮，再单击下拉列表中的 "序列" 按钮。

◎ 步骤 4　在 "序列" 对话框中选择 "自动填充"，如图 5-8 所示。

◎ 步骤 5　最后按 "确定" 按钮。

（二）填充缴费年份

◎ 步骤 1　单击/选定单元格 H3。

◎ 步骤 2　将鼠标移至 H3 的填充柄，当光标呈实心十字时向右拖动鼠标到单元格 K3。

（三）输入入会日期

方法一：

◎ 步骤 1　在单元格 F4 中输入 "2018/10/1"。

◎ 步骤 2　将鼠标移至 F4 的填充柄，当光标呈实心十字时按下 Ctrl 键不松开，向下拖动鼠标到单元格 F6——复制 F4 到 F5: F6。

图 5-8　自动填充 "序列" 对话框

◎ 步骤 3　在单元格 F7 中输入 "2019/5/20"。

◎ 步骤 4　复制单元格 F7（按 Ctrl＋C 组合键或其他复制命令）。

◎ 步骤 5　选定单元格区域 F8: F9。

◎ 步骤 6　粘贴单元格（按 Ctrl＋V 组合键或其他粘贴命令）。

◎ 步骤 7　剩余单元格的操作方法可按步骤 1～步骤 2 或步骤 3～步骤 6 方法进行。

方法二：

◎ 步骤 1　分别在单元格 F4、F7、F10 中输入 "2018/10/1" "2019/5/20" "2020/9/1"。

◎ 步骤 2　将鼠标移至 F4 右下角的填充柄，当光标呈实心十字时双击鼠标左键。

◎ 步骤 3　单击“自动填充按钮”，选择“复制单元格”，如图 5-9 所示。

◎ 步骤 4　将鼠标移至 F7 右下角的填充柄，当光标呈实心十字时双击鼠标左键，选择“填充选项”的“复制单元格”。

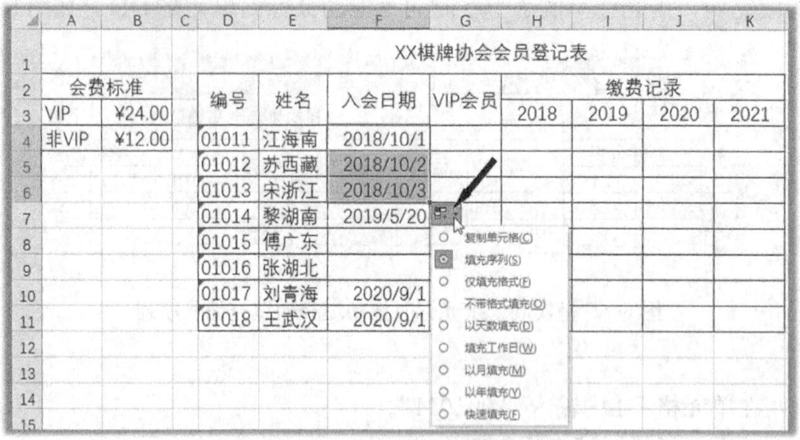

图 5-9　自动填充选项

◎ 步骤 5　将鼠标移至 F10 右下角的填充柄，当光标呈实心十字时双击鼠标左键，选择“填充选项”的“复制单元格”。

（四）输入其他数据

输入除“已缴会费”和“尚欠会费”之外的其他数据。

任务 5.2　使用公式和函数

【案例 5.2.1】竞赛成绩单

2019 年学院举办的“职业技能教育周暨第十届技能运动会”“信息技术应用能力”项目的竞赛成绩单如图 5-10 所示。其中“最终成绩”“名次”和各子项目的平均成绩都是通过计算公式计算出来的，其中最终成绩＝∑(子项权重＊子项得分)。

职业技能教育周暨第十届技能运动会"信息技术应用能力"竞赛成绩						
	权重	40%	30%	30%		
学号	姓名	Word	Excel	PPT	最终成绩	名次
001011	江海南	86	80	88	84.8	3
001012	苏西藏	85	79	62	76.3	6
001013	宋浙江	70	85	70	74.5	7
001014	黎湖南	88	66	86	80.8	5
001015	傅广东	89	85	79	84.8	3
001016	张湖北	95	88	85	89.9	1
001017	刘青海	85	75	55	73	8
001018	王武汉	90	80	85	85.5	2
平均成绩		86	79.75	76.25	81.2	

图 5-10　竞赛成绩单

一、预备知识

(一) 公式

公式由 "="（等号）开始，后接一个计算式子，又称表达式。表达式是由数据项和运算符组成的一串符号。数据项可以是直接数据、单元格引用和函数调用，例如：

$$= 3 + A3 \tag{5-1}$$

$$= SUM(B1,B3) * \$C\$1 \tag{5-2}$$

$$= "中国"\&"武汉" \tag{5-3}$$

$$= AVERAGE(D\$5{:}D\$12) \tag{5-4}$$

公式中的英文字母不区分大小写，Sum、SUM、sUm 是一样的，同样 A1: B3、a1: b3 也是一样的。

(二) 单元格引用

在公式中使用其他单元格的数据称为单元格引用。被引用单元格中的数据可以是空白、任意类型的直接数据，也可以是公式。

单元格的引用方式分为相对引用、绝对引用和混合引用三种。引用方式是单元格地址的表示方式，用于表达被引用单元格和公式所在单元格的位置关系。

上述公式 (5-1) 中的 A3，公式 (5-2) 中的 B1、B3、$\$C\$1$ 和公式 (5-4) 中的 D$5: D$12 都有对单元格的引用。其中，A3、B1、B3 是（完全）相对引用，$\$C\$1$ 是（完全）绝对引用，D$5: D$12 是混合引用，其中列是相对引用，行是绝对引用。

1. 单元格引用操作方法

(1) 直接键盘输入。在公式中直接输入单元格/区域的名称。

(2) 用鼠标进行选取。当在单元格中输入 "=" 之后或处于编辑状态时，用鼠标单击要引用的单元格或拖动框选择要引用的单元格区域。鼠标选取的引用方式多数情况下默认为相对引用。

2. 相对引用与公式粘贴

为了直观和辨识方便，书写或输入时，直接用单元格/区域的名称来表示的引用就是相对引用，但其在 Excel 内部则是用偏移量来表示的。相对引用在 Excel 内部记录的是被引用单元格偏移公式所在单元格的偏移量，即偏移了公式几列几行，而非特指的哪一列哪一行。

在粘贴包含相对引用的公式时，新公式引用的单元格不再是原来的单元格，而是根据偏移量计算出来的其他单元格。例如，如果将单元格 D5 中包含的公式 "=C8" 粘贴到单元格 C7，公式将变成 "=B10"，而不再是原来的 "=C8"。这是因为原 "=C8" 中的 "C8" 是相对引用，相对 D5 单元格偏移了（−1 列、＋3 行），新公式在 C7，引用的列是 C−1 即 B，引用的行是 7＋3，即 10，所以公式变成 "=B10"。相对引用对形如图 5-10 中多个 "平均成绩" 的计算是非常方便的，我们只需要输入其中一个子项的求 "平均成绩" 的计算公式即可，其他子项的 "平均成绩" 可以通过公式粘贴轻松完成。

例如，在 Word 的平均成绩单元格 D13 中输入：

$$= (D5 + D6 + D7 + D8 + D9 + D10 + D11 + D12)/8$$

复制 D13，然后粘贴到 E13，E13 中的公式自动变成：

$$= (E5 + E6 + E7 + E8 + E9 + E10 + E11 + E12)/8$$

3. 绝对引用与公式粘贴

绝对引用在 Excel 内部记录的是被引用单元格的绝对位置，与公式所在位置无关。也就是说，无论将公式粘贴到何处，它们所引用的都是相同的单元格/区域。

绝对引用的书写或记法是在列号或行号之前加上“＄”符号。

在本案例中，“权重”是固定在第 3 行的，所有选手的“最终成绩”都要引用相同的“权重”，因此“权重”的引用其行号最好是绝对的，这样就可以通过粘贴公式的方法来完成其他选手“最终成绩”的计算。

例如，在“江海南”的“最终成绩”单元格 G5 输入：

＝D5＊＄D＄3＋E5＊＄E＄3＋F5＊＄F＄3

将 G5 的公式粘贴到 G6（“苏西藏”的“最终成绩”），则 G6 中的公式为：

＝D6＊＄D＄3＋E6＊＄E＄3＋F6＊＄F＄3

如果将在 G5 单元格中输入的公式换成：

＝D5＊D＄3＋E5＊E＄3＋F5＊F＄3

将其粘贴到 G6 单元格，则其公式为：

＝D6＊D＄3＋E6＊E＄3＋F6＊F＄3

计算结果仍是正确的，因为“权重”的行引用是绝对的，＄3 引用的单元格没有发生变化，还是那个权重值。试一试将公式改为“＝D5＊D3＋E5＊E3＋F5＊F3”，并粘贴到 G6。

4. 引用与行、列增删

无论是相对引用还是绝对引用或是混合引用，当对表格的行、列做插入或删除操作时，Excel 都会自动地调整所有受影响的公式，以确保原引用不会发生错乱。

5. 引用方式切换

在公式编辑状态下，可通过按 F4 键在相对引用和绝对引用之间进行切换：

A1 → ＄A＄1 → A＄1 → ＄A1 → ……

（三）常用运算符

图 5-11 用于说明运算符的数据。

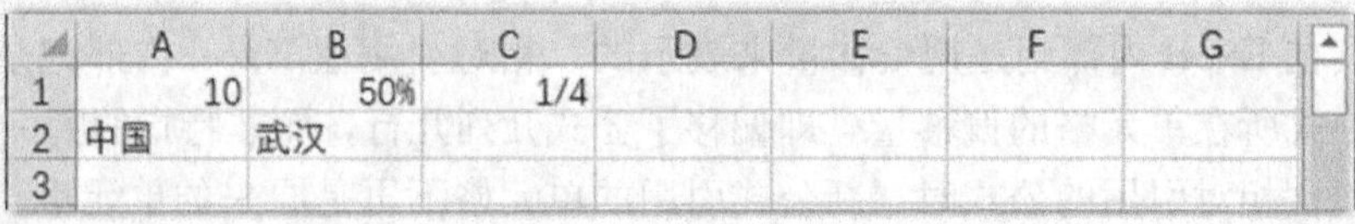

	A	B	C	D	E	F	G
1	10	50%	1/4				
2	中国	武汉					
3							

图 5-11　运算符的数据

表 5-1 给出了 Excel 中常用的运算符。

表 5-1　　常用运算符

分类	运算符	功能或含义	运算式子	运算结果（数据见图 5-11）
算术运算	＋	加法	A1＋B1	1050％
	－	减法，或负号	C1－B1	－25.00％
	％	百分号，只用于数值	A1＊50％	5
	^	乘幂	A1^C1	3 1/16
	＊	乘法	A1＊C1	2 1/2
	/	除法	B1/C1	200％

续表

分类	运算符	功能或含义	运算式子	运算结果（数据见图 5-11）
文本运算	&	连接	A2&" 湖北" &B2	中国湖北武汉
关系运算	>	大于	B1>C1	FALSE
	>=	大于或者等于	B1>=C1	TRUE
	<	小于	A1<B1	FALSE
	<=	小于或者等于	A1<=B1	FALSE
	=	等于	A2=B2	FALSE
	<>	不等于	A2<>B2	TRUE
集合运算 （引用）	:（冒号）	矩形区域	A1: C2	左上角为 A1、右下角为 C2 的 6 个相连单元格的矩形区域
	,（逗号）	合集（非传统并集）	A1: B4, B3, C5	包含 A1: B4 和 C5 的 10 个单元格，其中有两个 B3
	（空格）	交集	A1: B4 B3: C3	仅 B3 一个单元格

（四）函数

在 Excel 中，函数可以简单地理解为一个预先定义好的、可进行特定计算的公式。按照这个特定的计算公式对一个或多个数据进行计算，可得出一个或多个计算结果，计算结果称为函数的返回值。使用函数可以大大地简化我们的公式，提高表格的处理效率。例如，本案例中求 Word 的平均成绩用函数来表示，则可以写成：

$$= \text{AVERAGE}(D5:D12)$$

（1）函数调用的写法：函数名（参数表）。

（2）不同的函数其参数的个数、参数的数据类型有所不同，多个参数之间用逗号分隔。为方便叙述，之后用以下术语进行区分：

1）数据或区域。表示要计算的数据项，可以是单个数据或一个单元格引用，或其他函数调用；也可以是多个数据或多个区域的引用，或其他表达式。

2）范围。指一个或多个单元格区域的引用，表示多个公式同时作用的相同区域。

3）条件。有些函数只对满足某些条件的数据进行计算，这些"条件"在 Excel 中和"数据"一样也是表达式，只不过运算结果只有"成立"或"不成立"（TRUE/FALSE）两种。

1. 求和函数 SUM

格式：SUM（数据或区域）。

功能：对指定"数据"或"区域"内的非空有效数值数据进行求和计算。

SUM 函数的应用示例如图 5-12 所示。

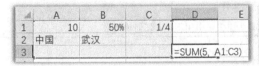

图 5-12　SUM 函数的应用示例

A1: C3 中虽然有 9 个单元格，但其中只有 A1: C1 三个是非空有效的数值单元格。因此，计算结果为：

$$SUM(5, A1: C3) = 5 + (10 + 50\% + 1/4) = 15.75$$

2. 求平均值函数 AVERAGE

格式：AVERAGE(数据或区域)。

功能：对指定"数据"或"区域"内的非空有效数值数据进行求平均值计算。

AVERAGE 函数的应用示例如图 5-13 所示。

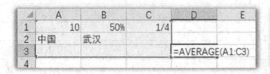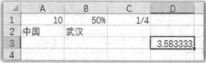

图 5-13　AVERAGE 函数的应用示例

与 SUM 函数一样，统计的数据仅为非空的有效数值数据，A1: C3 虽有 9 个单元格，但其中只有 A1: C1 三个是非空有效的数值单元格。因此，计算结果为：

$$AVERAGE(A1: C3) = (10 + 50\% + 1/4)/3 = 3.583333333$$

3. 排名函数 RANK 和 RANK. EQ

格式：RANK（数据, 区域, 排名方式）或 RANK. EQ（数据, 区域, 排名方式）。

功能：计算"数据"在"区域"中相对大小的排名，"排名方式"为 0 或空则按降序排名，即最大的为第 1 名；否则按升序排名，即最小的为第 1 名；数值相同为"并列"名次。

（五）使用公式常见的错误

在使用公式时，因数据类型错误或引用错误而有可能让 Excel 无法进行正确计算。在这种情况下，Excel 会在公式所在的单元格用特定的符号显示出特定的错误信息。表 5-2 给出了常见的错误符号及其对应的错误信息或原因。

表 5-2　　　　　　　　　　　常见的错误符号及其对应的错误信息或原因

错误符号	含义	错误信息或原因
＃＃＃＃＃＃	单元格太小	单元格太小，无法完整地显示非文本数据。只是指示信息，而不是错误信息
＃DIV/0!	0 作除数错误	在包含有除法的公式或函数中，除数为 0 或空白
＃NAME!	名称错误	可能是函数名或单元格名称写错了
＃VALUE!	运算错误	公式中对两种不能做运算的数据做了运算。例如，文字数据和数值数据做了四则运算等
＃REF!	引用错误	公式引用的对象已经被删除。这些对象可能是自定义函数，或自定义单元格名称，或其他工作表的单元格等
＃N/A!	无可用信息	在计算时得不到有用信息。例如，在［案例 5.2.4］中用 VLOOKUP 函数"找不到"关键字时会显示该符号
＃NULL!	空引用	范围/区域运算结果为空集，引用不包含任何单元格

二、案例实现

（一）计算各子项的平均成绩

1. 输入平均成绩公式

方法一：

◎ 步骤 1　单击/选定单元格 D13。

◎ 步骤 2　在单元格 D13 中输入"＝AVERAGE（D5: D12)"，按 Enter 键。

方法二：

◎ 步骤 1　单击/选定单元格 D13。

◎ 步骤 2　单击公式编辑按钮"f_x"，弹出"插入函数"对话框，如图 5-14 所示。

◎ 步骤 3　在弹出的对话框中查找并双击"AVERAGE"函数，弹出"函数参数"对话框，如图 5-15 所示。

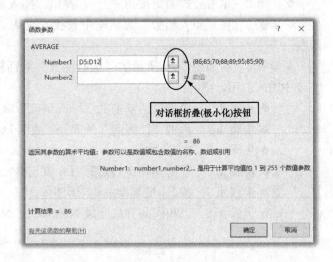

图 5-14　"插入函数"对话框　　　　　　　图 5-15　AVERAGE "函数参数"对话框

◎ 步骤 4　在"函数参数"对话框的"Number1"中输入"D5: D12"，或用鼠标选取工作表中的"D5: D12"。

小知识：包含引用输入框的右边有一个 ⬆ 按钮，通常称为"折叠"按钮，单击它对话框就折叠成只有一行输入框的极小化对话框，便于用鼠标选取引用单元格区域；折叠后该按钮就变成 ⬇，单击它或单击关闭按钮对话框就还原了。

◎ 步骤 5　单击对话框上的"确定"按钮。

2. 将单元格 D13 的公式粘贴到 E13: G13

方法一：

◎ 步骤 1　选定单元格 D13。

◎ 步骤 2　移动鼠标到 D13 右下角的填充柄，当光标呈实心十字时向右拖动填充柄到 G13。

方法二：

◎ 步骤 1　选定单元格 D13。

◎ 步骤 2　按 Ctrl＋C 组合键。

◎ 步骤 3　选定单元格区域 E13: G13。

◎ 步骤 4　按 Ctrl＋V 组合键。

(二) 计算最终成绩

1. 在单元格 G5 中输入公式

方法一：

◎ 步骤 1　单击/选定单元格 G5。

◎ 步骤 2　在单元格 G5 中输入"＝SUM（D5 * ＄D＄3, E5 * ＄E＄3, F5 * ＄F＄3)"，按 Enter 键。

方法二：

◎ 步骤 1　单击/选定单元格 G5。

◎ 步骤 2　单击公式编辑按钮"f_x"，弹出"插入函数"对话框。

◎ 步骤 3　在"插入函数"对话框中查找（或从"统计"分类中选择）并双击"SUM"函数。

◎ 步骤 4　在如图 5-16 所示的"函数参数"对话框中，在 Number1、Number2、Number3 中输入引用，或者：

　　◎ 步骤 4.1　单击对话框上的"Number1"输入框并删除其中的所有引用；

　　◎ 步骤 4.2　单击"江海南"的 Word 成绩 D5 单元格；

　　◎ 步骤 4.3　输入" * "；

　　◎ 步骤 4.4　单击 Word "权重" D3 单元格；

　　◎ 步骤 4.5　按 F4 键切换成绝对引用；

　　◎ 步骤 4.6　以相同的方法完成 Number2、Number3 的输入。

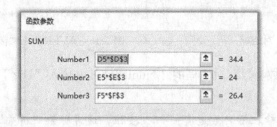

图 5-16　SUM "函数参数"对话框

◎ 步骤 5　单击对话框上的"确定"按钮。

2. 将单元格 G5 的公式粘贴到 G6: G12

方法一：

◎ 步骤 1　选定单元格 G5。

◎ 步骤 2　移动鼠标到 G5 右下角的填充柄，当光标呈实心十字时向下拖动填充柄到 G12。

方法二：

◎ 步骤 1　选定单元格 G5。

◎ 步骤 2　按 Ctrl＋C 组合键。

◎ 步骤 3　选定单元格区域 G6: G12。

◎ 步骤 4　按 Ctrl＋V 组合键。

（三）计算名次

◎ 步骤 1　选定单元格 H5。

◎ 步骤 2　单击公式编辑按钮"f_x"，弹出"插入函数"对话框。

◎ 步骤 3　在弹出的"插入函数"对话框中查找并双击"RANK.EQ"函数。

◎ 步骤 4　在如图 5-17 所示的"函数参数"对话框中，在 Number1 中输入 G5 或用鼠标单击单元格 G5。

◎ 步骤 5　在 Ref 输入框中输入"＄G＄5：＄G＄12"或者：

　◎ 步骤 5.1　单击 Ref 输入框并删除其中引用；

　◎ 步骤 5.2　用鼠标选择单元格区域 G5：G12；

　◎ 步骤 5.3　按 F4 切换成绝对引用。

◎ 步骤 6　按"函数参数"对话框上的"确定"按钮。

图 5-17　RANK.EQ "函数参数"对话框

【案例 5.2.2】统计各地区年度销售总量

在如图 5-18 所示的各地区年度销售量统计表中，"表 1"中的数据是某公司按季度记录的某产品在不同地区的销售量，要求在"表 2"中统计出各地区各自的年度销售总量。

	A	B	C	D	E	F	G	H	I	J
1										
2	表1				表2					
3	地区	季度	销售量		地区	总销售量				
4	武汉	1	10000		武汉	20500				
5	上海	1	20000		长沙	8000				
6	长沙	1	8000		上海	50000				
7	武汉	2	10500		总计	78500				
8	上海	2	30000							
9										

图 5-18　各地区年度销售量统计表

一、预备知识

从图 5-18 中可以看出，单元格 F4 的数据是"表 1"中地区为"武汉"的第 1 季度和第 2 季度销售量的总和。计算方法是：在"表 1"中查找地区为"武汉"的行并对其"销售量"求和。完成此类操作有多种方法，如分类汇总、使用"SUMIF"函数等。

格式：SUMIF（测试区域, 条件, 求和区域）。

功能：从"测试区域"中查找满足"条件"的行，并对"求和区域"中对应行的有效数值数据进行求和。本案例中，"测试区域"是 A4：A8，"条件"是 E4、E5 和 E6，"求和区域"是 C4：C8。

二、案例实现

◎ 步骤 1　单击/选定单元格 F4。

◎ 步骤 2　单击公式编辑按钮"f_x"，弹出"插入函数"对话框。

◎ 步骤 3　在"插入函数"对话框中查找并双击"SUMIF"函数。

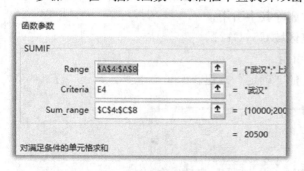

图 5-19　SUMIF"函数参数"对话框

◎ 步骤 4　在如图 5-19 所示的"函数参数"对话框中，单击"Range"——"测试区域"并删除其中引用。

◎ 步骤 5　用鼠标选取单元格区域 A4: A8。

◎ 步骤 6　按 F4 键切换成绝对引用。

◎ 步骤 7　单击"函数参数"对话框中的"Criteria"——"条件"输入框并删除其中引用。

◎ 步骤 8　单击单元格 E4。

◎ 步骤 9　单击"函数参数"对话框上的"Sub_range"——"求的区域"输入框并删除其中引用。

◎ 步骤 10　用鼠标选取单元格区域 C4: C8。

◎ 步骤 11　按 F4 键切换成绝对引用。

◎ 步骤 12　单击"函数参数"对话框上的"确定"按钮。

◎ 步骤 13　单击/选定单元格 F4。

◎ 步骤 14　向下拖动 F4 右下角的填充柄到 F6。

◎ 步骤 15　单击/选定单元格 F7。

◎ 步骤 16　输入公式"＝SUM (F4: F6)"，按 Enter 键。

【案例 5.2.3】棋牌协会会员缴费统计表

本案例是对［案例 5.1.1］的补充，即在棋牌协会会员登记表中增加了一些统计信息，如"应缴会费""尚欠会费"、会员类型统计信息等，形成了棋牌协会会员缴费统计表，如图 5-20 所示。

会员类别	会费标准	会员人数	编号	姓名	入会日期	VIP会员	应缴会费	尚欠会费	缴费记录			
									2018	2019	2020	2021
VIP	24	3	001011	江海南	2018/10/1	TRUE	96	18	24	24	24	6
非VIP	12	5	001012	苏西藏	2018/10/1	TRUE	96	0	24	24	24	24
			001013	宋浙江	2018/10/1		48	36	12			
			001014	黎湖南	2019/5/20		36	12		12	12	
			001015	傅广东	2019/5/20	TRUE	72	24		24	24	
			001016	张湖北	2019/5/20		36	12		12	12	
			001017	刘青海	2020/9/1		24	12			12	
			001018	王武汉	2020/9/1		24	0			12	12
							缴费人数		3	5	7	3

图 5-20　棋牌协会会员缴费统计表

一、预备知识

(一)计数函数

1. 数值数据计数函数

格式：COUNT(数据或区域)。

功能：统计在指定的"数据"列表或"区域"中含有的数值数据的个数。

2. "空"单元格计数函数

格式：COUNTBLANK(区域)。

功能：统计在指定"区域"内含有的"空"单元格的个数。

"空"就是没有任何数据，在公式中用一对双引号表示"空"。注意："空格""制表符"是"空白符"，不是"空"。

3. 非空数据计数函数

格式：COUNTA(数据或区域)。

功能：与 COUNTBLANK 相反，统计在指定的"数据"列表或"区域"内含有多少个非空数据。

4. 条件计数函数

格式：COUNTIF (数据或区域, 条件)。

功能：统计在指定的"数据"或"区域"内满足指定"条件"的数据的个数。

(二)条件函数

格式：IF (条件, 数据 1, 数据 2)。

功能：对"条件"进行计算，若成立，则返回值为"数据 1"，否则为"数据 2"。

(三) 日期时间处理函数

1. 获取日期函数

格式：TODAY()、DATE (年, 月, 日)。

功能：TODAY 获取当天的日期，DATE 返回指定年月日（均为整数）的日期。

2. 获取日期时间的年月日函数

格式：YEAR(日期/时间)、MONTH (日期/时间)、DAY(日期/时间)。

功能：分别返回指定"日期/时间"的年、月、日，均为数值型。

二、案例实现

1. 计算 VIP 会员人数 C4

因为该单元格的数据应为 H 列第 4 行到第 11 行中包含"TRUE"的单元格个数，TRUE 是"非空"逻辑值，故不能用 COUNT 或 COUNTBLANK，而只能用 COUNTA 或 COUNTIF 来统计。

方法一：

◎ 步骤 1　单击/选定单元格 C4。

◎ 步骤 2　单击"f_x"按钮。

◎ 步骤 3　在"插入函数"对话框中查找并双击"COUNTA"函数。

◎ 步骤 4　弹出如图 5-21 所示的"函数参数"对话框，单击"Value1"输入框并删除其中引用。

◎ 步骤 5　用鼠标选取统计表区域 H4:H11。

◎ 步骤 6　单击"函数参数"对话框上的"确定"按钮。

方法二：

◎ 步骤 1　单击/选定单元格 C4。

◎ 步骤 2　单击"f_x"按钮。

◎ 步骤 3　在"插入函数"对话框中查找并双击"COUNTIF"函数。

◎ 步骤 4　弹出如图 5-22 所示的"函数参数"对话框，单击"Range"——"区域"输入框并删除其中引用。

◎ 步骤 5　用鼠标选取统计表区域 H4: H11。

◎ 步骤 6　在函数参数对话框上的"Criteria"——"条件"输入框中输入"TRUE"。

◎ 步骤 7　单击"函数参数"对话框上的"确定"按钮。

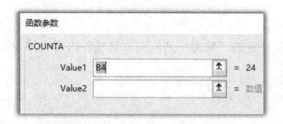

图 5-21　COUNTA"函数参数"对话框　　　　图 5-22　COUNTIF"函数参数"对话框

2. 计算非 VIP 会员人数 C5

操作方法与 COUNTA、COUNTIF 的操作方法类似，使用函数为 COUNTBLANK、COUNTIF。如果使用 COUNTIF 则在"条件"中输入一对双引号""""，表示"空"。

3. 年度已缴费人数

同样地，操作方法与 COUNTA、COUNTIF 的操作方法类似，最简单而直接的方法是使用函数 COUNT。

4. 计算应缴会费

因为：

应缴会费＝（缴费记录中最近年份－入会年份＋1）＊缴费标准　　　　(5-5)

式中：缴费记录中最近年份，在本案例中为单元格 N3；入会年份为 YEAR(入会日期)；缴费标准，如果是 VIP 会员则为单元格 B4 的值，否则为 B5 的值。

所以，"江海南"的"应缴会费"可以使用公式 (5-6)：

＝（N3－YEAR(G4)＋1）＊IF(H4,B4,B5)　　　　(5-6)

为了进行公式粘贴，N3、B4、B5 应使用绝对引用，即将其改为＄N＄3、＄B＄4、＄B＄5。

◎ 步骤 1　单击/选定单元格 I4。

◎ 步骤 2　在单元格 I4 或公式编辑框中输入"＝（N3－YEAR（G4）＋1）＊IF（H4, B4, B5)"或"＝（＄N＄3－YEAR（G4）＋1）＊IF（H4, ＄B＄4, ＄B＄5)"。若为后者，则跳过步骤3。

◎ 步骤 3　将光标分别移到公式中"N3""B4""B5"之后，按 F4 键切换成绝对引用。

◎ 步骤 4　单击/选定单元格 I4，然后按 Ctrl＋C 组合键。

◎ 步骤 5　选择区域 I5: I11。

◎ 步骤 6　按 Ctrl＋V 组合键，完成公式粘贴。

5. 计算尚欠会费

尚欠会费＝应缴会费－已缴会费；已缴会费＝SUM(缴费记录)。

◎ 步骤 1　单击/选定单元格 J4。

◎ 步骤 2　直接输入公式"＝I4－SUM（K4: N4）"，或者分别进行以下操作：

　　◎ 步骤 2.1　在单元格 J4 或公式编辑框中输入"＝"。

　　◎ 步骤 2.2　单击单元格 I4。

　　◎ 步骤 2.3　输入减号"－"。

　　◎ 步骤 2.4　单击公式编辑按钮"f_x"。

　　◎ 步骤 2.5　查找并选择"SUM"函数。

　　◎ 步骤 2.6　单击"Number1"并删除其中的引用。

　　◎ 步骤 2.7　用鼠标选取区域 K4: N4。

　　◎ 步骤 2.8　按"函数参数"对话框上的"确定"按钮。

　　◎ 步骤 2.9　将 J4 的公式粘贴到 J5: J11。

【案例 5.2.4】数据查阅

在实际应用中，一个项目可能需要多张分布在不同工作表或工作簿中的表格，而且这些表格之间都有着某种联系。为了保持数据的一致性和避免数据冗余，通常每张表格所存放的数据都比较单一。在本案例中，一张表只保存学生的名单，如图 5-23 所示；另一张表只保存学生的考试成绩，如图 5-24 所示。但是，这样的成绩单很难分辨具体学生的成绩，最好是在成绩单上加上姓名一栏。如果通过手工输入的方法添加姓名栏，难免会出现张冠李戴或输入错别字的情况。Excel 能让我们不用输入也能准确无误地在成绩单上添加"姓名"一栏。

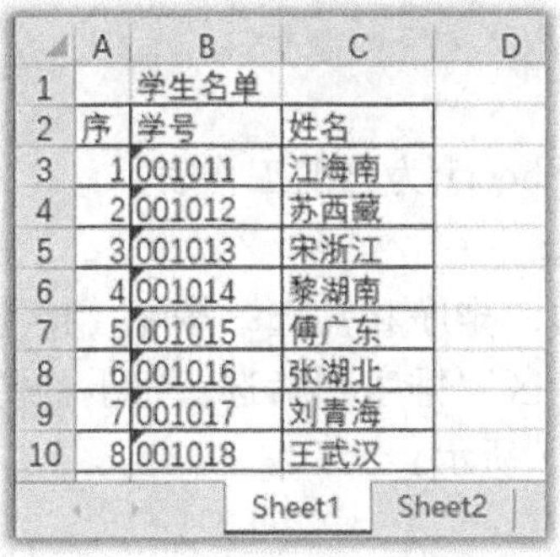

图 5-23　名单表

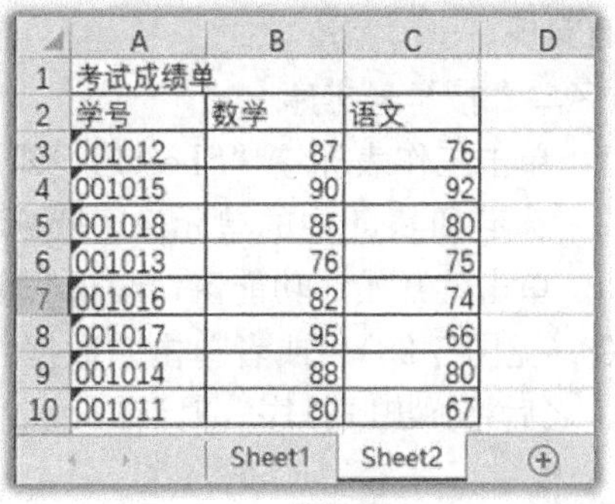

图 5-24　成绩单

一、预备知识

（一）查阅/查找函数

LOOKUP、VLOOKUP、HLOOKUP、MATCH 等函数称为查阅/查找函数，其可以在数据表中查找一关键字，找到后返回该关键字所在行或列的有关数据。查阅/查找函数能帮助我们轻松地完成本案例中的任务。这里我们以 VLOOKUP 为例来讲解查阅/查找函数的用法，其他函数的操作与之类似。

VLOOKUP 是 Vertically down LOOKUP 的意思，即垂直向下查找。

格式：VLOOKUP（查找值, 查找范围, 结果列, 查找匹配类型）。

功能：在被称为"关键字列"或"关键字段"的列中查找某一关键字，若找到则返回找到的单元格所在行的某列数据。例如，在名单表的"学号"列中查找"001012"，名单表的"学号"就是关键字段，"001012"就是要查找的"关键字"，在名单表 A4 中找到了"001012"，根据需要，可以返回它的姓名"苏西藏"。"关键字列"与"关键字"可以在同一张表中，也可以在不同的表中，通常是在不同的表中。

（1）查找值。一个值或引用，就是要找的是什么，它通常与公式在同一张表中，是该表的关键字段。例如，在本案例中，Sheet2 中某学生的学号就是我们要查找的"查找值"。

（2）查找范围。即在什么地方找。例如，本案例中 Sheet1 的名单表。查找范围可以是一"表"对象，也可以是单元格区域。在"查找范围"中，第 1 列必须是关键列。对本案例而言，第 1 列必须是"学号"，查找的范围应从 B 列开始，可以是 B3: C10，或 B2: C10，或 B: C。

（3）结果列。找到后函数返回的结果在"查找范围"中位于第几列，是一个相对列号。例如，在本案例中，在名单表 B3: C10 中查找一个"学号"，找到后返回对应的"姓名"。因 B 列是 B3: C10 的第 1 列，C 列是 B3: C10 的第 2 列，所以"结果列"为 2。

（4）查找匹配类型。FALSE 或 0 表示精确匹配，空白或 TRUE 表示大致匹配。

使用 VLOOKUP 的注意事项：①"查找范围"的关键字列必须是该范围的首列；②"查找范围"的关键字列是排好序的，通常为升序；③"查找范围"为绝对引用，以便进行公式粘贴。

（二）排序

排序是最常见的操作之一。在 Excel 中对表格进行排序是一种非常简单且容易掌握的操作，因此我们仅通过案例的实现来完成学习，不另外进行讲解。

二、案例实现

（一）对名单表按学号排序

◎ 步骤 1　单击工作表标签"Sheet1"，即选择 Sheet1 为当前工作表。

◎ 步骤 2　选定 Sheet1 中的单元格区域 A2: C10。

◎ 步骤 3　单击"开始"功能区"编辑"组上的"排序和筛选"按钮，接着执行"自定义排序"命令（见图 5-25）；或者单击"数据"功能区"排序和筛选"组上的"排序"按钮（见图 5-26），之后将弹出"排序"对话框，如图 5-27 所示。

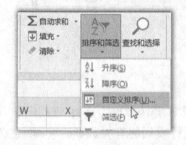

图 5-25　选择"自定义排序"命令

图 5-26　单击"排序"按钮

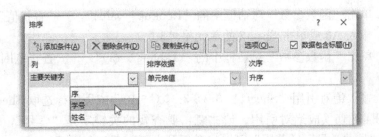

图 5-27　"排序"对话框

◎ 步骤 4　勾选"排序"对话框右上角的"数据包含标题"复选框。

◎ 步骤 5　在"主要关键字"下拉框中选择"学号"列。

◎ 步骤 6　在"排序依据"下拉框中选择"单元格值"或"数值"。该下拉选项中包含"单元格值""单元格颜色""字体颜色"等选项。

◎ 步骤 7　"排序次序"选"升序"。当然,"降序"亦可。

如果需要多列排序,如先按"姓名"排序,"姓名"相同时再按"学号"排序,则需单击"添加条件",之后将会出现"次要关键字"及对应的"排序依据"和排序"次序",在"主要关键字"中选"姓名",在"次要关键字"中选"学号"。

如果要排序的"表"不含标题,如选取的区域不是 A2: C10,而是 A3: C10,则"数据包含标题"筛选框不要勾选。

（二）在成绩单上添加姓名列

◎ 步骤 1　单击工作表标签"Sheet2"。

◎ 步骤 2　在 Sheet2 的 D2 中输入"姓名"。

（三）在 Sheet2"姓名"列中应用 VLOOKUP 函数

◎ 步骤 1　单击/选定单元格 D3。

◎ 步骤 2　单击公式编辑按钮"f_x"。

◎ 步骤 3　在"插入函数"对话框中查找"VLOOKUP"并双击它,之后弹出如图 5-28 所示的"函数参数"对话框。

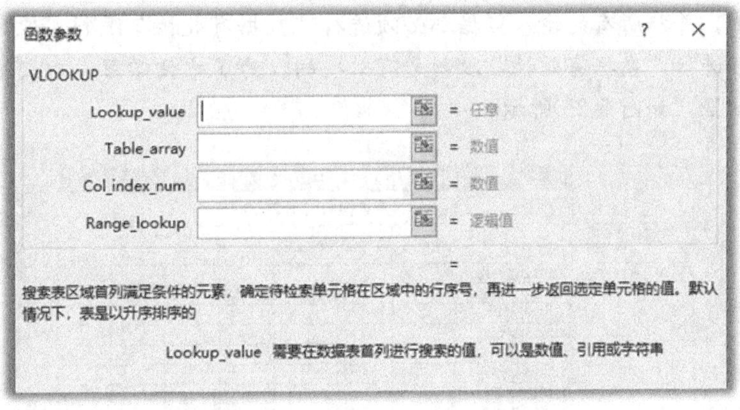

图 5-28　VLOOKUP"函数参数"对话框

◎ 步骤 4　单击“函数参数”对话框中的“Lookup _ value”——“查找值”参数输入框。

◎ 步骤 5　输入 A3 或单击 Sheet2 的单元格 A3。

◎ 步骤 6　单击“函数参数”对话框中的“Table _ array”——“查找范围”（表或数组）参数输入框。

◎ 步骤 7　输入绝对引用“Sheet1！＄B＄3:＄C＄10”或用鼠标选取 Sheet1 的 B3: C10 区域，接着按 F4 键切换成绝对引用。请注意：要查找的关键字是“学号”，所以“查找范围”的首列必须是“学号”；“范围”可以包含标题也可以不包含标题。

◎ 步骤 8　在“函数参数”对话框中的“Col _ index _ num”——“结果列”（列索引值）中输入 2。在“查找范围”B3: C10 中“学号”为第 1 列，“姓名”为第 2 列。

◎ 步骤 9　在“函数参数”对话框中的“Range _ lookup”——“匹配类型”中输入 FALSE 或 0。

◎ 步骤 10　单击“函数参数”对话框上的“确定”按钮。

（四）粘贴公式

◎ 步骤 1　单击/选择 Sheet2 的 D3 单元格。

◎ 步骤 2　移动鼠标到 D3 右下角的填充柄，当光标呈实心十字时，双击填充柄。

任务 5.3　理解和应用数据有效性规则

所谓数据的有效性，是指某一数据在表示具体的信息时是否为有效的。例如，表示日期的“2021/4/5”是有效的，而“2021/13/40”则是无效的；表示百分制成绩的分数 0～100 中的任何一个数都是有效的，而其他数则是无效的；“星期六”是有效的，但“星期七”是无效的。Excel 允许用户引入一系列的“数据有效性”规则对输入进行限制，以避免输入无效的数据。

【案例 5.3.1】添加数据有效性规则

在本案例中，我们仍以［案例 5.1.1］的棋牌协会会员登记表为例来讲解数据有效性规则的应用。当然，并非所有的输入数据都必须进行“数据有效性”限制，但对那些容易错误输入的关键数据进行“数据有效性”限制是有必要的。为了方便学习，我们把棋牌协会会员登记表复制到这里，如图 5-29 所示。

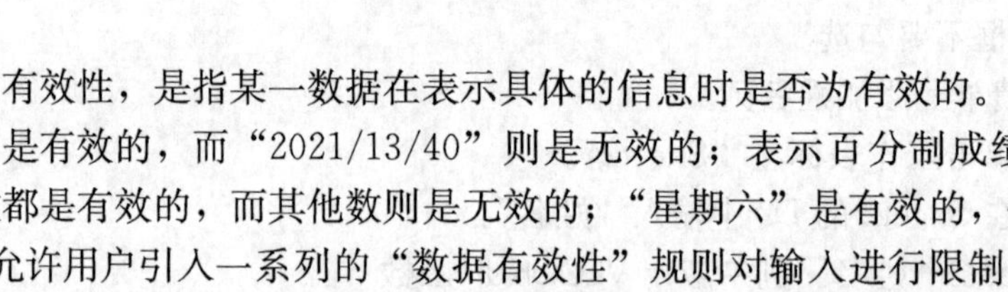

	A	B	C	D	E	F	G	H	I	J	K	L
1				XX棋牌协会会员登记表								
2	会费标准			编号	姓名	入会日期	VIP会员	尚欠会费	缴费记录			
3	VIP	¥24.00							2018	2019	2020	2021
4	非VIP	¥12.00		001011	江海南							
5				001012	苏西藏							
6				001013	宋浙江							
7				001014	黎湖南							
8				001015	傅广东							
9				001016	张湖北							
10				001017	刘青海							
11				001018	王武汉							

图 5-29　棋牌协会会员登记表

一、预备知识

（一）Excel 数据有效性规则

（1）范围规则类。应用于可进行加减运算的数值数据、日期/时间数据等。

（2）序列规则类。应用于可数/可枚举的数据。例如，性别、学历、职称、星期、月份等。

（3）自定义规则。即公式规则，用公式来对数据进行限制的规则。

（二）规则应用方法

（1）选择要应用规则的单元格区域。

（2）单击"数据"功能区"数据工具"组上"数据验证"按钮。

（3）选择适当的规则类。

（4）输入规则。

（5）输入必要的"输入提示"和"错误提示"信息。

（6）最后按"确定"按钮。

二、案例实现

（一）入会日期输入限制

入会日期应该是在协会成立日期之后。

◎ 步骤 1　选择 F 整列或区域 F4: F11。如果选择 F4: F11，则添加会员时要重新定义规则，选择 F 整列则不需要。

◎ 步骤 2　单击"数据"功能区"数据工具"组上的"数据验证"按钮并执行"数据验证"命令，如图 5-30 所示。

图 5-30　数据验证命令

◎ 步骤 3　在"数据验证"对话框的"设置"选项卡下，在"验证条件"下的"允许"下拉框中选择"日期"，如图 5-31 所示。

◎ 步骤 4　在相同选项卡的"数据"下拉框中选择"大于或等于"。

◎ 步骤 5　在"数据"下面的"开始日期"中输入"2018/1/1"。

◎ 步骤 6　其他设置，如"输入信息""出错信息"等。"输入信息"，即当选定含有规则的单元格时，Excel 用气泡提示的信息；出错信息，即当用户输入无效数据时，Excel 通过提示窗口显示该信息，如果不设置，默认文本为"此值与此单元格"。具体操作步骤为：

图 5-31　入会日期数据验证

◎ 步骤 6.1　单击"输入信息"标签；

◎ 步骤 6.2　在"输入信息"文本框中输入"请输入 2018/1/1 或之后的日期"，如图 5-32 所示；

◎ 步骤 6.3　单击"出错警告"标签；

◎ 步骤 6.4　在"错误信息"文本框中输入"入会日期不正确！"，如图 5-33 所示；

◎ 步骤 6.5　"样式"可选"停止""警告""信息"。若选"停止"，则当输入错误日期时，Excel 不允许继续，必须进行重新输入，其他两项则可继续。

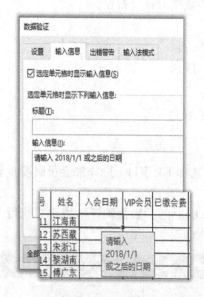

图 5-32　提示信息

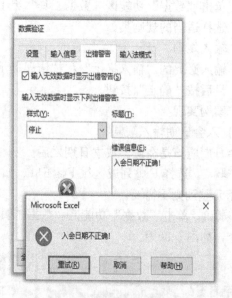

图 5-33　错误信息

（二）会费输入限制

◎ 步骤 1　选择 I 到 L 列或区域 I4: L11。

图 5-34　会费数据验证

◎ 步骤 2　单击"数据"功能区"数据工具"组上的"数据验证"按钮并执行"数据验证"命令，如图 5-34 所示。

◎ 步骤 3　在"数据验证"对话框的"设置"选项卡下，在"验证条件"下的"允许"下拉框中选择"日期"。

◎ 步骤 4　在"验证条件"下的"允许"下拉框中选择"序列"。

◎ 步骤 5　在"验证条件"下的"来源"下拉框中输入数据序列——"24, 12"；或者输入"会费标准"引用"＝＄B＄3:＄B＄4"（用鼠标直接框选）。如果是引用公式，则当改变会费标准时不需修改规则。

注意：当序列为直接数据时，数据之间用半角逗号分隔，如"24, 12""男, 女"。

◎ 步骤 6　勾选（默认）"提供下拉箭头"，勾选后，用户可以单击如图 5-35 所示的下拉箭头选择数据而不必从键盘输入。

图 5-35　序列下拉选择

【案例 5. 3. 2】圈出错误数据

如图 5-36 所示的表格是一张成绩单，其中 Word 成绩在[25, 40]，Excel 和 PowerPoint 的成绩在[20, 30]。由于事先未做"数据验证"设置，因此在数据录入过程中难免输入了一些错误的数据。如何才能快速地找出这些错误？

A	B	C	D	E	F	G	H
1							
2	职业技能教育同题第十届技能运动会"信息技术应用能力"竞赛成绩						
3	学号	姓名	Word	Excel	PPT	最终成绩	名次
4	001011	江海南	26	30	18		
5	001012	苏西藏	38	22	23		
6	001013	宋浙江	40	29	28		
7	001014	黎湖南	37	37	31		
8	001015	傅广东	23	28	27		
9	001016	张湖北	40	32	29		
10	001017	刘青海	39	26	33		
11	001018	王武汉	43	30	18		
12		平均成绩					

图 5-36　含有错误数据的成绩单

我们可以使用"数据验证"规则，快速地圈出错误的数据。

◎ 步骤 1　选定单元格区域 D4: D11。

◎ 步骤 2　单击"数据"功能区"数据工具"组的"数据验证"按钮，在下拉菜单中执行"数据验证"命令，打开"数据验证"对话框。

◎ 步骤 3　在"数据验证"对话框的"允许"下拉框中选择"整数"。

◎ 步骤 4　选择数据"介于"。

◎ 步骤 5　在"最小值"和"最大值"输入框中分别输入 25 和 40。

◎ 步骤 6　按"确定"按钮，完成 Word 成绩有效性规则的设置。

◎ 步骤 7　选定单元格区域 E4: F11，设置 Excel、PowerPoint 验证规则，方法同 Word 成绩有效性规则的设置。

◎ 步骤 8　单击"数据"功能区"数据工具"组的"数据验证"按钮，在下拉菜单中执行"圈出无效数据"命令，Excel 立刻用红色圆圈把错误的数据全部圈了出来，如图 5-37 所示。

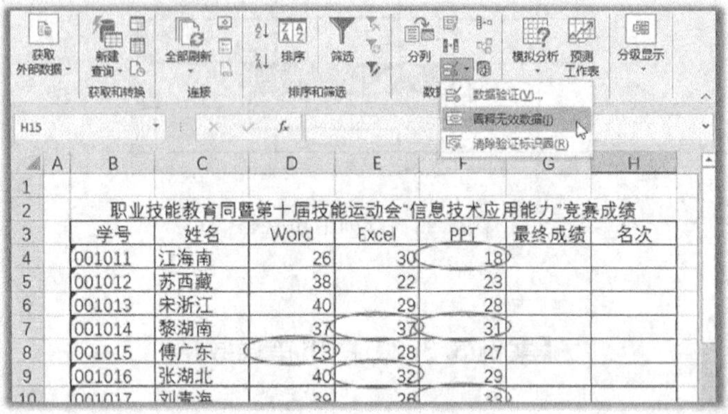

图 5-37　圈出无效数据

任务 5.4　格式化单元格

我们之所以使用 Excel，是因为使用 Excel 处理大量数据和对数据进行统计分析非常简单方便。但是，如果工作表中只有黑白两个颜色和数字、文字符号，既不直观，也容易产生视觉疲劳。Excel 允许我们对特别的数据做强调处理，这样既突出了关注点，也使得工作表像 Word 文档和 PowerPoint 演示文稿一样生动活泼。

【案例 5.4.1】图形化数据

如图 5-38 所示，如果没有灰色（实际上是彩色）部分的条纹，只看数据，就必须仔细阅读才能知道每个季度哪一类产品销售收入最高，哪一类产品销售收入最低。通过适当的格式化（如图形化）之后，我们一眼就能看出来。

图 5-38　格式化单元格

一、预备知识

除了字体颜色、底纹等常规的格式化形式之外，Excel 2010 之后的版本增加了"突出显示""数据条""色阶""图标集"等多种特别的样式。这些样式的设置都从"条件格式"开始。

（1）突出显示。对特定的数据，如前 5 名、80~100 的数据、包含"电力"的所有学校等以突出的颜色、字号、字形显示出来。

（2）数据条。在单元格中用条形底纹表示数据的大小，通常用于数值数据，如本案例所示。

（3）色阶。在单元格中用色彩深浅表示数据的大小，通常用于数值数据。

（4）图标集。在单元格中用不同的图形表示数据的大小，通常用于数值数据。

二、案例实现

◎ 步骤 1　选择区域 C3: F9。

◎ 步骤 2　单击"开始"功能区中"样式"组的"条件格式"按钮。

◎ 步骤 3　在下拉菜单中将鼠标移到"数据条"。

◎ 步骤 4　单击其子菜单的其中一种填充方式，如图 5-39 所示。当鼠标移到每一种填充方式上时都能预览到填充后的效果。

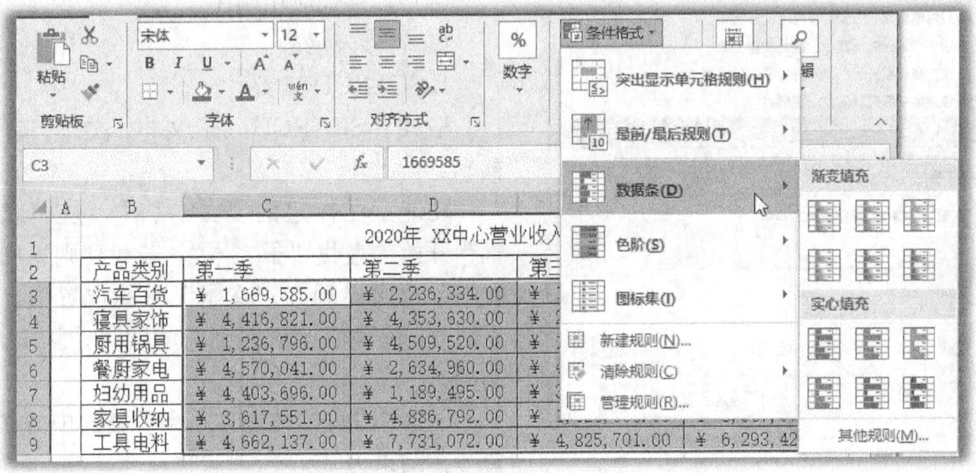

图 5-39　图形化数据

同一单元格区域可以应用多种样式，练习的时候，同学们可以自己试一试。

【案例 5.4.2】应用条件格式规则

如图 5-40 所示的表格是一个供考生备考用的 Excel 格式题库中的一部分。为方便考生阅读和学习，出题人将正确的答案选项用绿色底纹标了出来，以突出关键选项。

人工一题一题地标出正确答案当然也是可以的，但这样做既费时费力，还很有可能会标错。能否让 Excel 根据"标准答案"栏自动标出呢？答案是肯定的，这就是本案例要讲的自定义"条件格式"。

图 5-40　自定义条件格式

一、预备知识

（一）自定义条件格式规则

Excel 2016 除了内置了很多常用的特别格式之外，还允许用户自定义特定的格式，即自定义"条件格式"。自定义"条件格式"主要包含四个方面的设置：

（1）格式应用的范围。

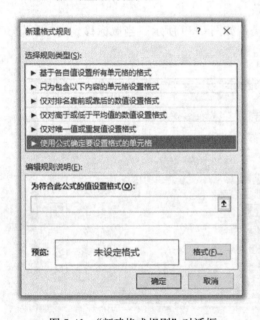

图 5-41　"新建格式规则"对话框

（2）格式应用的"规则"，自定义格式规则分为六类，如图 5-41 所示。

（3）格式内容。

（4）多格式应用顺序。

（二）涉及函数

1. SEARCH 函数

格式：SEARCH（子文本，文本，起始位置）。

功能：在指定的"文本"中，从"起始位置"开始，查找"子文本"，若找到则返回"子文本"首次出现在"文本"中的位置值，否则返回 0。位置值按从左到右的顺序，从 1 开始，例如：

SEARCH（" 格式"," 条件格式中的格式设置"），结果为 3。

SEARCH（" 格式"," 条件格式中的格式设置"，4），结果为 7。

SEARCH("样式","条件格式中的格式设置")，结果为 0。

2. COLUMN 函数

格式：COLUMN(范围)。

功能：返回"范围"中最左边单元格的列序，从 1 开始，A 列为 1，B 列为 2……

3. CHAR 函数

格式：CHAR(数值)。

功能：返回 ASCII 码为"数值"的字符。ASCII 码（前 128 个字符）请参阅第 1 章表 1-2。

二、案例实现

本案例的实现就是要将那些"相对序号"出现在"标准答案"中的选项的底纹设置为

"绿色"。D 列是相对的 "A" 选项，E 列是相对的 "B" 选项……，如果 "标准答案" 中含有 "A" 字符，则 D 列选项（相对序号为 A）的底纹设置为 "绿色"，否则保持原样。更具体地，单元格 D2 是第 1 题的选项 A，第 1 题的 "标准答案" 单元格 C2 中有 "A" 字符，故将 D2 的底纹设置成 "绿色"；单元格 E2 是选项 B，"标准答案" 单元格 C2 中无 "B" 字符，故不设置 E2 的底纹。

　　本案例可通过 "使用公式确定格式的单元格" 来实现。公式形如：

$$= \text{SEARCH}(\text{CHAR}(65 + \text{COLUMN}(选项单元格) - 4), 选项的"标准答案") > 0 \quad (5\text{-}7)$$

式中：COLUMN(选项单元格) − 4 表示从第 4 列（D 列）开始；65 是 "A" 的 ASCII 码，D 列选项的相对序号为 "A"，其后分别为 B、C、D……；CHAR() 可将序号转换成字符文本；SEARCH() > 0 表示在 "标准答案" 中找到。

◎ 步骤 1　选择单元格区域 D2: K5。

◎ 步骤 2　单击 "开始" 功能区中 "样式" 组的 "条件格式" 按钮。

◎ 步骤 3　单击 "新建规则" 或 "管理规则"。若单击的是 "管理规则"，则请在之后弹出的 "条件格式规则管理器"（见图 5-45）对话框中单击 "新建规则" 按钮。

◎ 步骤 4　在 "新建格式规则" 对话框（见图 5-41）中选 "使用公式确定要设置格式的单元格"。

◎ 步骤 5　在 "为符合此公式的值设置格式" 中输入下列公式：

$$= \text{SEARCH}(\text{CHAR}(65 + \text{COLUMN}(D2) - 4), \$C2) > 0$$

注意：

1）公式中 D2、\$C2 中的 "2" 是选定区域的 "当前单元格" 的行号，如图 5-42 中的上表所示；如果是如图 5-42 中的下表所示的选区，则应改为 D5 和 \$C5。

2）D 列用相对引用，是因为其后还有 E 列、F 列等选项。

3）C 列用绝对引用，是因为 "标准答案" 只在 C 列。

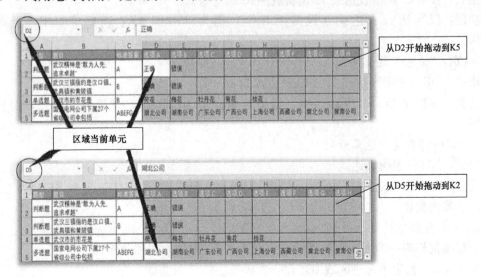

图 5-42　选定区域的 "当前单元格"

◎ 步骤 6　单击 "新建格式规则" 对话框中的 "格式" 按钮，然后设置所要的格式即可。例如，将底纹填充颜色改为 "绿色"。

◎ 步骤 7　单击“确定”按钮。

【案例 5.4.3】管理格式规则

如图 5-43 所示的表格用“红底白字”来突出显示第一季和第二季销售收入都超过 300 万元的产品类别，并将所有带“电”的类别用“加粗斜体”字显示。

	A	B	C	D	E	F
1		2020年 XX中心营业收入				
2		产品类别	第一季	第二季	第三季	第四季
3		汽车百货	¥ 1,669,585.00	¥ 2,236,334.00	¥ 1,443,703.00	¥ 3,700,262.00
4		寝具家饰	¥ 4,416,821.00	¥ 4,353,630.00	¥ 2,824,416.00	¥ 3,751,265.00
5		厨用锅具	¥ 1,236,796.00	¥ 4,509,520.00	¥ 1,711,141.00	¥ 3,091,989.00
6		***餐厨家电***	¥ 4,570,041.00	¥ 2,634,960.00	¥ 4,973,922.00	¥ 2,933,625.00
7		妇幼用品	¥ 4,403,696.00	¥ 1,189,495.00	¥ 3,435,850.00	¥ 3,969,991.00
8		家具收纳	¥ 3,617,551.00	¥ 4,886,792.00	¥ 1,626,906.00	¥ 3,567,073.00
9		***工具电料***	¥ 4,662,137.00	¥ 7,731,072.00	¥ 4,825,701.00	¥ 6,293,427.00
10						

图 5-43　应用多格式规则

一、预备知识

（一）应用多格式规则

在同一单元格/区域内可以同时应用多种不同的格式规则，本案例就是其中一例。要实现本案例，可以将规则分解为两个：

规则一：第一季和第二季销售收入都超过 300 万元的产品类别用“红底白字”显示。

规则二：包含“电”的产品类别用“加粗斜体”字显示。

（二）涉及函数

1. AND：“与”/“并且”运算函数

格式：AND（逻辑表达式 1, 逻辑表达式 2, ……）。

功能：仅当所有表达式（最多 255 个）都为 TRUE 时才返回 TRUE，否则返回 FALSE。

2. OR：“或者”运算函数

格式：OR（逻辑表达式 1, 逻辑表达式 2, ……）。

功能：在最多 255 个表达式中，只要其中一个为 TRUE，就返回 TRUE，否则返回 FALSE。

3. NOT：“否定”运算函数

格式：NOT(逻辑表达式)。

功能：对逻辑表达式进行否定，即返回表达式的否定值。TRUE、FALSE 互为否定。

二、案例实现

（一）新建案例规则一

新建案例规则一的方法和步骤同［案例 5.4.2］中的方法和步骤。

◎ 步骤 1　选定单元格区域 B3: B9。

◎ 步骤 2　在“新建格式规则”对话框（见图 5-41）中选择“使用公式确定要设置格式的单元格”。

◎ 步骤 3　在“为符合此公式的值设置格式”中输入下列公式：

$$= AND(C3 > 3000000, D3 > 3000000)$$

请注意：

1）公式中"C3""D3"为相对引用，如果是用鼠标选取请按 F4 键切换成相对引用。

2）"C3""D3"中的 3 是第 3 行，这个行号要与选定区域中"当前单元格"（见图 5-44）的行号一致。如果当前单元格为 C9（步骤 1 从 C9 开始拖动鼠标到 C3），则公式应为：＝AND（C9＞3000000，D9＞3000000）。

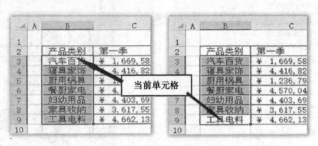

图 5-44　当前单元格

◎ 步骤 4　单击"新建格式规则"对话框中的"格式"按钮，然后设置所要的格式即可。例如，将底纹填充颜色改为"红色"。

（二）修改案例规则一

◎ 步骤 1　单击"开始"功能区中"样式"组的"条件格式"按钮。

◎ 步骤 2　执行下拉菜单中"管理规则"命令，弹出"条件格式规则管理器"对话框，如图 5-45 所示。

◎ 步骤 3　在"显示其格式规则"的下拉选项中选择"当前工作表"，然后在工作表中定义的所有规则显示在"规则列表中"。

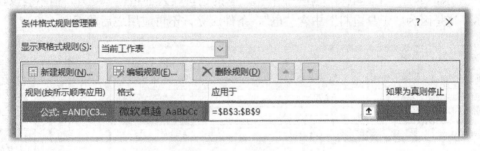

图 5-45　条件格式规则管理器

◎ 步骤 4　双击需要修改的规则，将弹出与如图 5-41 所示的"新建格式规则"一样的"编辑格式规则"对话框。

◎ 步骤 5　根据需要修改规则的类型、公式或格式。在这里我们不修改类型、公式，只修改样式的字体颜色。

◎ 步骤 6　单击"格式"按钮，将字体颜色从"自动"改为"白色"。

◎ 步骤 7　最后按"确定"按钮。

（三）应用多格式规则

1. 添加案例规则二

添加案例规则二的方法与上述新建案例规则一的方法类似，不同的是"规则类型"选

"只为包含以下内容的单元格设置格式"；其他设置如图 5-46 所示，不再赘述。同时应用两种规则的结果如图 5-47 所示。

　　注意：在添加案例规则二前，先选择与案例规则一相同的应用单元格区域（B3: B9）。

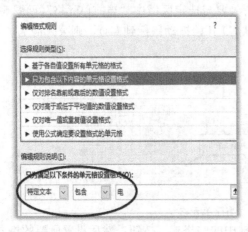

图 5-46　添加规则二

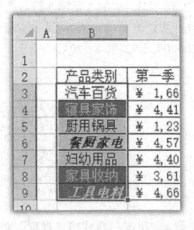

图 5-47　同时应用两种规则的结果

　　2. 调整规则顺序

　　应用多规则时，规则应用的次序对最终格式是有影响的。Excel 按规则表中的排序从上向下依次应用规则。也就是说，下面的规则可能与上面的规则组合在一起，也可能覆盖上面的规则。如果勾选管理器上"如果为真则停止"复选框，则表示若当前规则条件成立就不再应用之后的所有规则。例如，将"包含"规则通过管理器上的"▲""▼"按钮移到最上面，勾选"如果为真则停止"复选框，如图 5-48 所示。确定应用后，产品类别的最终格式如图 5-49 所示，尽管"工具电料"第一季和第二季的销售收入都超过 300 万，但不会以红底白字显示，这是因为"工具电料"中含"电"，条件成立，不再应用之后的规则。

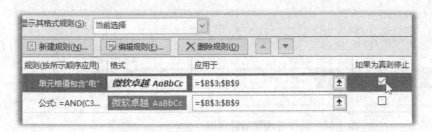

图 5-48　多格式规则顺序调整

图 5-49　部分应用结果

任务 5.5　统 计 与 分 析

【案例 5.5.1】销售业绩分析

　　某公司销售员 2020 年销售业绩表如图 5-50 所示。其中包含成千上万条记录，为了能从中获得更多有用的信息，需要对这些基础数据进行统计和分析。

	A	B	C	D	E	F	G	H	I
1									
2	日期	销售员	商品类别	商品名称	商品编号	单价	数量	金额	
3	2020/1/2	江海南	锂电池	联想IdeaPad	88990	¥ 761.00	41	¥ 31,201.00	
4	2020/1/10	宋浙江	智能手机	华为nova 8	61616	¥ 3,776.00	6	¥ 22,656.00	
5	2020/1/17	苏西藏	智能手机	华为Mate40 Pro	61616	¥ 7,000.00	7	¥ 49,000.00	
6	2020/1/31	黎湖南	锂电池	联想IdeaPad	88990	¥ 761.00	29	¥ 22,069.00	
7	2020/1/31	苏西藏	智能手机	华为Mate40 Pro	61629	¥ 7,000.00	13	¥ 91,000.00	
8	2020/2/24	宋浙江	智能手机	小米11 Pro	61616	¥ 5,300.00	18	¥ 95,400.00	
9	2020/4/6	江海南	锂电池	惠普AT908AA	88990	¥ 109.00	29	¥ 3,161.00	
10	2020/4/20	黎湖南	辅助用品	蓝芽耳机	74004	¥ 346.00	6	¥ 2,076.00	
11	2020/4/28	江海南	锂电池	惠普AT908AA	88990	¥ 109.00	38	¥ 4,142.00	
12	2020/5/4	苏西藏	智能手机	iPhoneX	69220	¥ 6,500.00	17	¥ 110,500.00	

图 5-50　销售业绩表

一、预备知识

(一) 表格

表格简称表，是在 Excel 2010 之后的版本中引入的与数据库相关的对象。之前的版本称其为"数据清单"，它是包含列标题在内的一组连续数据行的区域，一个"表格"可以在工作表的任何位置，一张工作表也可以包括多个"表格"对象。表由两部组成，即表标题和表数据。表标题是表中的第一行，表的每一列称为一个字段，其标题称为字段名；表的每一数据行称为一条记录。在公式中可以使用"表名[字段名]"来表示该字段的整列。例如，本案例中有 50 条记录，从第 3 行到第 52 行，如果用"区域"来表示所有日期则表示为"B3：B52"：而如果创建了表格且表名为"业绩"，用字段来表示则写为"业绩[日期]"。使用字段名来表示区域的优点是：①单元格数据含义清晰；②不必清楚该区域从哪一行开始，到哪一行结束；③当添加或删除记录时，包含引用该区域的公式不需要调整。

通过表格，Excel 能让我们以通过单击表标题的简单方法来做很多最常见的工作，如排序、筛选等。

1. 创建表格

◎ 步骤 1　单击/选定包含在表格中的任意一个单元格。

◎ 步骤 2　单击"插入"功能区中"表格"组的"表格"按钮，如图 5-51 所示。

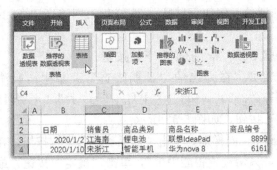
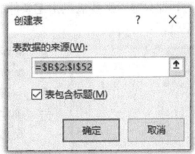

图 5-51　创建表格

◎ 步骤 3　修改"表数据的来源"引用。通常这是不需要修改的，Excel 会自动找到并给出一个准确的区域，并用虚线框框在工作表中；如果 Excel 给出的区域不正确，则输入或用鼠标选取正确的区域即可。

◎步骤4　勾选"表包含标题"。通常 Excel 也能自动找到"标题",会自动勾选。如果源数据没有标题,Excel 在数据之前会插入通用标题"F1""F2""F3"……

◎步骤5　单击"创建表"对话框上的"确定"按钮,之后表格就创建好了。其每一列的列标题都带一个下拉按钮,且自动套用一个表格样式,如图 5-52 所示。

图 5-52　创建好的表格

2. 更改表名

创建表时,默认名称是"表 1""表 2"……

◎步骤1　单击表中任一单元格。

◎步骤2　单击"表格工具"中的"设置"标签。

◎步骤3　将"表格工具"中"设置"功能区上"属性"组中的"表名称"改为所需的名称,然后按 Enter 键即可。

3. 删除表格

◎步骤1　单击表格中任一单元格,会出现表格的"设计"功能区标签。

◎步骤2　单击表格"设计"功能区标签。

◎步骤3　在表格"设计"功能区中的"工具"组上单击"转换为区域"。

4. 表格排序

表格排序可以按[案例 5.2.4]的方法进行操作。对于表格而言,排序操作更方便,单击列标题下拉按钮后选择排序方式(有升序、降序、颜色、自定义等)即可。

5. 记录筛选

筛选,即只显示那些满足指定条件的记录。例如,只显示 2020 年第四季度"智能手机"的销售记录。

◎步骤1　单击"日期"下拉按钮。

◎步骤2　在弹出的"日期筛选"菜单中,取消"全选"→展开"2020"→勾选"十月""十一月""十二月",单击"确定"按钮,如图 5-53 所示。

◎步骤3　同样地,单击"商品类别"下拉按钮,在弹出的菜单中,只勾选"智能手机",单击"确定"按钮,最终筛选结果如图 5-54 所示。

(二)高级筛选

高级筛选是指根据称为"条件区域"的条件进行的筛选,可用来完成较为复杂的筛选操作。

图 5-53　日期筛选

使用高级筛选，首先要创建一个筛选"条件区域"，如果筛选时要求多个条件同时满足，则称这些条件为"AND"（并且）关系；如果筛选时只要求满足多个条件之一，则称这些条件为"OR"（或者）关系。同行的条件表示 AND，不同行的条件表示 OR。

图 5-54　最终筛选结果

用"高级筛选"完成如下任务：只显示 2020 年第四季度"智能手机"和"平板电脑"的销售记录。

1. 创建条件区域

◎ 步骤 1　在表格之外找有足够空间的空白区域作为条件区域。为简便起见，通常在表的上面插入若干行。

◎ 步骤 2　将要筛选的字段名复制到条件区域。同样地，为了简便起见，我们将整个标题行复制到条件区域的首行。

◎ 步骤 3　在条件区域的筛选字段下输入要筛选的条件，用表达式来表示相当于：

$$[日期] >= 2020/10/1 \text{ and } ([商品类别]$$
$$= "智能手机" \text{ or } [商品类别] = "智能手机") \qquad (5\text{-}8)$$

或者

$$[日期] >= 2020/10/1 \text{ and } [商品类别] = "智能手机" \text{ or } [日期] >$$
$$= 2020/10/1 \text{ and } [商品类别] = "智能手机" \qquad (5\text{-}9)$$

公式（5-9）看起来要比公式（5-8）复杂一些，但实现起来却比公式（5-8）简单很多，因此我们用公式（5-9）。

◎ 步骤 3.1　在条件区域标题下第一行的"日期"下输入"＞=2020/10/1"；

◎ 步骤 3.2　在同一行的"商品类别"下输入"智能手机"或"="智能手机""；

◎ 步骤 3.3　将第一个"日期"条件复制到下一行；

◎ 步骤 3.4　在与第二个"日期"同行的"商品类别"下输入"平板电脑"或"="平板电脑""。

2. 执行高级筛选

◎ 步骤 1　单击/选定表格的任一单元格。

◎ 步骤 2　单击"数据"功能区"排序与筛选"组中的"高级"按钮，如图 5-55 所示。

◎ 步骤 3　在"高级筛选"对话框中的"列表区域"输入要筛选的数据区域，通常情况下不用输入，Excel 会正确地找到。

◎ 步骤 4　单击"高级筛选"对话框中的"条件区域"输入框。

◎ 步骤 5　输入或框选条件区域"＄1:＄3"或"＄B＄1:＄D＄3"。

◎ 步骤 6　单击"高级筛选"对话框上的"确定"按钮，高级筛选结果如图 5-56 所示。

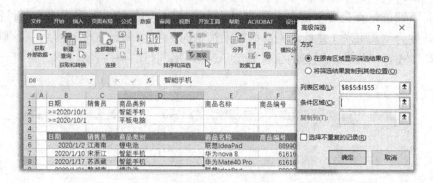

图 5-55　高级筛选

	B	C	D	E
5	日期	销售员	商品类别	商品名称
46	2020/10/6	傅广东	智能手机	iPhone11
47	2020/10/21	宋浙江	平板电脑	Apple iPad
48	2020/10/28	苏西藏	智能手机	iPhone11
51	2020/11/23	黎湖南	智能手机	华为Mate40 Pro
54	2020/12/9	黎湖南	智能手机	小米11 Pro
56				

图 5-56　高级筛选结果

3. 取消"高级筛选"

◎ 步骤 1　单击/选定表格的任一单元格。

◎ 步骤 2　单击"数据"功能区"排序与筛选"组中的"清除"按钮。

（三）分类汇总

分类汇总是指先将记录按某个字段进行分类，然后再对每一分类进行汇总。汇总方式有计数、求和、求平均值、求最大值、求最小值等，如图 5-57 所示。图 5-57 中分两级汇总，第一级是按销售员进行分类，汇总字段为"金额"的"求和"；第二级是按同一销售员销售的商品类别进行分类，分别对"数量"和"金额"进行"求和"汇总。

1 2 3 4		B	C	D	H	I
	1					
		日期	销售员	商品类别	数量	金额
+	5			辅助用品 汇总	21	￥ 6,506.00
+	7			锂电池 汇总	36	￥ 27,396.00
+	9			平板电脑 汇总	14	￥ 26,586.00
+	13			智能手机 汇总	24	￥ 178,944.00
−	14		傅广东 汇总			￥ 239,432.00
+	19			笔记本 汇总	23	￥ 211,577.00
+	22			辅助用品 汇总	24	￥ 7,696.00
+	27			锂电池 汇总	139	￥ 41,883.00
+	29			平板电脑 汇总	15	￥ 28,485.00
+	33			智能手机 汇总	29	￥ 108,972.00
−	34		江海南 汇总			￥ 398,613.00

Sheet1

图 5-57　分类汇总

1. 排序

汇总之前，汇总数据必须是按分类字段排好了序的，否则将会得到错误的结果。

◎ 步骤 1　选择包含标题在内的整个数据区域。

◎ 步骤 2　自定义排序。

自定义排序的方法有：

1）执行"开始"功能区"编辑"组"排序和筛选"中的"自定义排序"命令。

2）单击"数据"功能区"排序和筛选"组中的"排序"按钮。

3）单击表格上任一字段的下拉按钮，将鼠标移到下拉菜单的"按颜色排序"按钮，在展开的子菜单中执行"自定义排序"命令。

◎ 步骤 3　在"排序"对话框的"主要关键字"中选择"销售员"。

◎ 步骤 4　单击"添加条件"按钮添加次要条件，并在"次要关键字"中选择"商品类别"，如图 5-58 所示。

◎ 步骤 5　单击"排序"对话框中的"确定"按钮。

图 5-58　多字段排序

2. 先按"销售员"分类汇总

◎ 步骤 1　单击/选定表格中任一单元格。

◎ 步骤 2　单击"数据"功能区"分级显示"组中的"分类汇总"按钮，如图 5-59 所示。

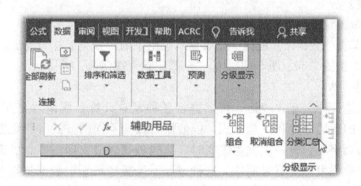

图 5-59　选择"分类汇总"

◎ 步骤 3　设置"分类汇总"选项，先按销售员分类汇总选项，如图 5-60 所示。

　　◎ 步骤 3.1　在分类字段中选择"销售员"；

　　◎ 步骤 3.2　只勾选"选定汇总项"中的"金额"；

　　◎ 步骤 3.3　其他选项保持默认值，单击"确定"按钮。

3. 再按"商品类别"分类汇总

◎ 步骤 1　单击"数据"功能区"分级显示"组中的"分类汇总"按钮。

◎ 步骤 2　在分类字段中选择"商品类别",汇总选项设置如图 5-61 所示。

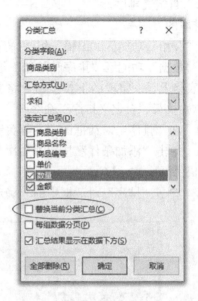

图 5-60　按销售员分类汇总选项　　　图 5-61　按商品类别分类汇总选项

◎ 步骤 3　勾选"选定汇总项"中的"数据"和"金额"。

◎ 步骤 4　取消"替换当前分类汇总"复选框的勾选。

◎ 步骤 5　单击"确定"按钮。

◎ 步骤 6　根据需要,单击汇总结果工作表左边的"分级""折叠/展开"按钮,分级显示或显示细节。

4. 删除分类汇总

◎ 步骤 1　单击含有分类汇总的单元格。

◎ 步骤 2　单击"数据"功能区"分级显示"组中的"分类汇总"按钮。

◎ 步骤 3　单击图 5-60、图 5-61 中的"全部删除"按钮。

(四) 数据透视表

数据透视表是一种交互式表格,可以进行各种汇总计算。所谓"交互式",是指可以动态地改变它们的版面布置和汇总方式,以便用户按照不同的方式分析数据,或者重新安排行号、列标和页字段。每一次发生改变时,数据透视表会立即按照新的布置或汇总方式重新计算。原始数据发生变更时例外,这种情况下需要"更新"数据透视表。数据透视表可以完全取代"分类汇总",且数据透视表可以是一维的,也可以是多维的。在如图 5-62 所示的数据透视表中,纵向(行)是按"销售员"进行分类的,横向(列)是按"商品类别"进行分类的;在如图 5-63 所示的数据透视表中,纵向是按"商品类别"进行分类的,横向是按"月份"进行分类的,而且随时可以通过"筛选"行(第 1 行),筛选出不同销售员的统计数据。

	A	B	C	D	E	F	G	H
1								
2								
3	求和项:数量	列标签 ▼						
4	行标签 ▼	笔记本	辅助用品	锂电池	平板电脑	智能手机	总计	
5	傅广东		21	36	14	24	95	
6	江海南	23	24	139	15	29	230	
7	黎湖南	15	17	29	19	27	107	
8	宋浙江	28	16		20	24	88	
9	苏西藏	21				56	77	
10	张湖北	7	6		14	6	33	
11	总计	94	84	204	82	166	630	

图 5-62　按"销售员"和"商品类别"分类的数据透视表

	A	B	C	D	E	F	G	H
1	销售员	傅广东 ▼						
2								
3	求和项:金额	列标签 ▼						
4		⊞5月	⊞6月	⊞7月	⊞8月	⊞10月	总计	
5	行标签 ▼							
6	辅助用品		3806	2700			6506	
7	锂电池		27396				27396	
8	平板电脑	26586					26586	
9	智能手机			82016	37280	59648	178944	
10	总计	26586	31202	84716	37280	59648	239432	

图 5-63　按"商品类别"和"月份"分类的数据透视表

二、案例实现

(一) 创建数据透视表

◎ 步骤 1　单击/选定案例数据源 Sheet1 中的任一单元格。

◎ 步骤 2　单击"插入"功能区"表格"组中的"数据透视表"按钮，会弹出如图 5-64 所示的"创建数据透视表"对话框。

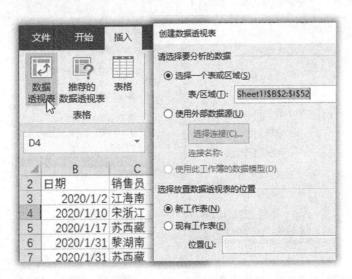

图 5-64　创建数据透视表

◎ 步骤 3　单击"创建数据透视表"对话框中的"表/区域"输入框，输入表格名称或区域名称或区域引用。通常 Excel 会自动准确地给出，如果是区域引用请包含工作表名。

　◎ 步骤 4　选择数据透视表的位置为"新工作表"，Excel 将会新建一个工作表，并将数据透视表放在其中。如果要将数据透视表放到其他已有的工作表中，则单击"现有工作表"并定位到该工作表的某一单元格作为透视表的左上角单元格。

　◎ 步骤 5　单击"确定"按钮。

（二）设计透视表

　◎ 步骤 1　在 Excel 右窗格——"数据透视表字段"对话框（见图 5-65）的字段列表中找到"商品类别"，将其拖到"行"标签区。

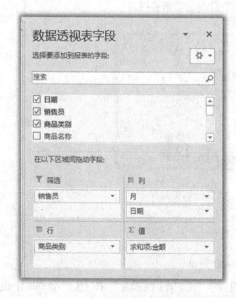

图 5-65　"数据透视表字段"对话框

　◎ 步骤 2　在字段列表中找到"日期"，将其拖到"列"标签区，Excel 自动选择"日期"的"月"。

　◎ 步骤 3　在字段列表中找到"金额"，将其拖到"值"区。

　◎ 步骤 4　在字段列表中找到"销售员"，将其拖到"筛选"区。

（三）重新设计或删除字段

将要删除的字段从设计区中拖到别处即可。

（四）"值"字段设置

　◎ 步骤 1　单击"值"区中的汇总项。

　◎ 步骤 2　执行弹出菜单上的"值字段设置"命令，如图 5-66 所示。

　◎ 步骤 3　在"值字段设置"对话框中选择汇总方式和显示方式，如图 5-67 所示。

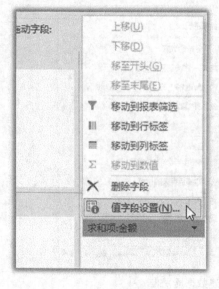

图 5-66　执行"值字段设置"命令

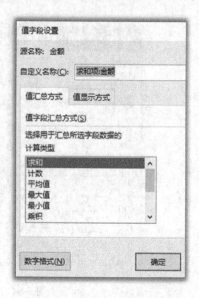

图 5-67　"值字段设置"对话框

【案例 5.5.2】合并计算

在如图 5-68 所示的多工作表及其合并计算中，前三张表是数学和语文（包括语文作文和语文阅读）两门课程的原始成绩单，第四张表是本案例要完成的汇总表。原始成绩单有如下特点：

(1) 前三张表分别由三位老师给出。

(2) 因学生选修的课程不尽相同，故前三张表中的学生名单不完全相同，顺序也不一致。

(3) 在数学成绩单中，有部分学生的成绩分成多次录入，如汪海南的成绩分成了两次录入，但总成绩应该是这两部分之和。

(4) 语文的成绩分作文成绩和阅读成绩两部分，分别放在两张不同的工作表中。

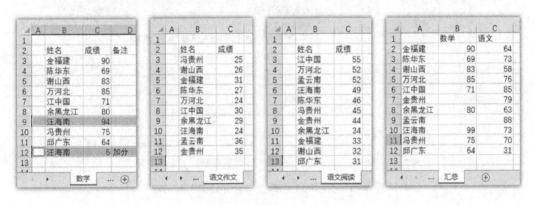

图 5-68　多工作表及其合并计算

一、预备知识

合并计算是指将分布在不同表格中的具有相同性质的数据合并在一起。"合并"不是简单的复制粘贴，而是将具体相同性质的数据汇总在一起，可以是求和，也可以是计数，或者是求平均、求方差等。例如，在本案例中，同一学生的"作文成绩"和"阅读成绩"是同一门课程"语文"的成绩，应该相加在一起；同样地，数学成绩单中第 9 行和第 12 行是同一学生"汪海南"的成绩的两个部分，也应该相加在一起。再如，在其他案例中，在没有统一的网络应用平台的情况下，一个单位要收集某个方面的资料，为提高工作效率，通常的做法是由管理部门先制作一个"模板"，然后分发到其他部门，再由各部门收集各自的资料，最后由管理部门统一整理和汇总。这里所说的"模板"实际上就是统一结构的空表，本案例的原始成绩单空表就是一个"模板"。

二、案例实现

◎ 步骤 1　将原始的三张成绩单中的"成绩"分别更改为课程名称"数学"和"语文"。如果不更名将会把三张表的成绩汇总成不分课程的总成绩。

◎ 步骤 2　新建一工作簿或新工作表。

◎ 步骤 3　单击要放置汇总表的起始单元格，如本案例中"汇总"工作表的 A1 单元格。

◎ 步骤 4　单击"数据"功能区标签。

◎ 步骤 5　单击"数据"功能区"数据工具"组中的"合并计算"按钮，打开"合并计

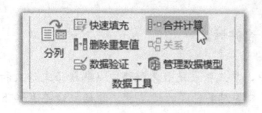

图 5-69　"数据工具"组

算"对话框，如图 5-69 所示。

◎ 步骤 6　如果要引用的是未打开的工作簿，则先单击"合并计算"对话框上的"浏览"按钮，找到并选定要引用的工作簿，否则忽略该步骤，如图 5-70 所示。

◎ 步骤 7　单击"合并计算"对话框中的"引用位置"折叠按钮。

图 5-70　引用的工作簿及"合并计算"对话框

◎ 步骤 8　框选"数学"工作表中的单元格区域 B2: C12。

◎ 步骤 9　单击"合并计算"对话框中的"添加"按钮，将要合并计算的区域添加到"所有引用位置"的列表中去。

◎ 步骤 10　重复步骤 6 到步骤 9，将"语文作文"和"语文阅读"两个工作表中要合并计算的区域添加到引用列表中去，如图 5-71 所示。

◎ 步骤 11　勾选对话框中"标签位置"区的"首行"和"最左列"，其意思是：框选区域中的首行（表格字段名）和首列（学生的姓名）作为汇总的关键字，即汇总的依据，并出现在汇总表中。

◎ 步骤 12　删除多余的引用位置。如果在"所有引用位置"列表中包含了之前错误的区域引用，则先选中它，再单击"删除"按钮，如果没有则忽略该步骤。

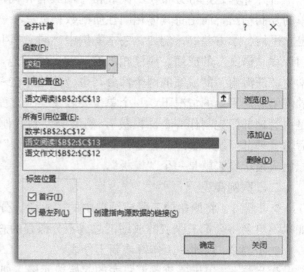

图 5-71　本案例合并计算最终设置

◎ 步骤 13　单击"合并计算"对话框中的"函数"下拉按钮，选择所需的汇总方式，本案例中选择"求和"。

◎ 步骤 14　单击"确定"按钮。

任务 5.6　使　用　图　表

图表是一种可直观地展示统计信息的属性（时间性、数量性等），能使人对知识挖掘和信息有直观生动的感受的图形结构，也是一种能将对象属性的数据直观化、形象化、可视化的手段。图表设计隶属视觉传达设计的范畴。图表设计是通过图示、表格来表示某种事物的现象或某种思维的抽象观念的。

【案例 5.6.1】汽车消费趋势

如图 5-72 所示的 Excel 图表是 2019 年和 2020 年全国汽车在不同价格范围内的销售统计资料。如果只看图 5-72 中左边的数据，我们没有什么直观的感觉；但从右边的曲线图中，我们可以很直观地看到：

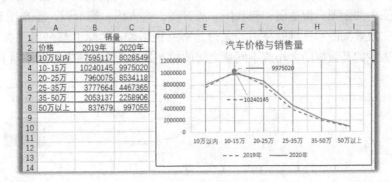

图 5-72　Excel 图表

（1）价格在 10 万～15 万的汽车销量最好。

（2）大部分人购买的汽车价格在 35 万以内。

（3）相比 2019 年，2020 年购买的汽车价格向上偏移了一点，说明国人收入有所提高。

一、预备知识

（一）图表元素

图表元素是指构成图表的基本元素，包括数据点、数据系列、绘图区、坐标轴、图例等，如图 5-73 所示。

数据点是指在图表中绘制的单个值，数据点由圆点、矩形、扇形和其他被称为数据标记的图形来表示。

数据系列是指要绘制图表的数据源，它是数据表中的某一行或某一列的数据，由一系列数据点组成。一张图表可以绘制一个或多个系列的数据，多个系列的数据绘制在同一张图表中时 Excel 通常用不同的颜色、形状、线型加以区分。

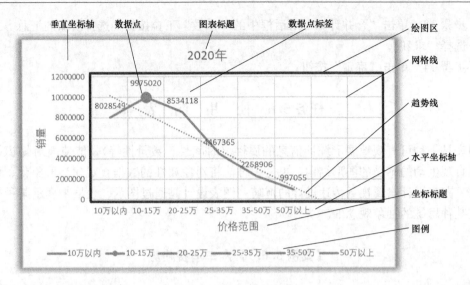

图 5-73　图表常见元素

（二）Excel 图表

Excel 2016 中内置 15 类图表，分别是：柱形图/柱状图、折线图、饼图、条形图、面积图、散点图、股价图、曲面图、雷达图、树状图、旭日图、直方图、箱形图、瀑布图和组合图。部分图表又分为二维效果图和三维效果图。无论是哪一种图表，实际上都是用"点""线""面"来表示的，它表示的是数据的大小或不同量之间的相互关系。常见图表如图 5-74 所示。

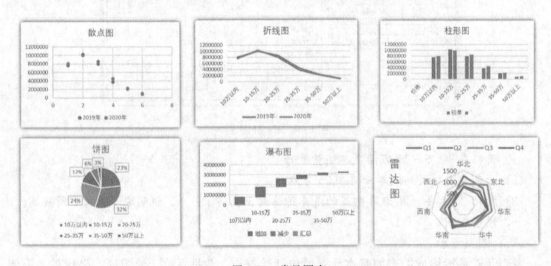

图 5-74　常见图表

1. 散点图/折线图/面积图

散点图是只在数据点上绘制点状图形；折线图是将数据点与数据点用线段连接起来；而面积图则是在折线与水平轴之间用色块填充。折线图和面积图适合表达一个量随另一个量的变化情况。例如，本案例中采用的就是折线图，它直观地展示了销售量与价格的关系。

2. 柱形图/条形图/直方图

柱形图/条形图/直方图中的每一个数据点都用一个矩形来表示，矩形的高低/长短用来表示数据的大小。它们适合数据对比或变化的场合。柱形图和直方图的矩形是竖着的，条形图的矩形是横着的；直方图各矩形之间无间隙，柱形图和条形图的矩形之间默认有间隙，也可以设置为无间隙。

3. 饼图/旭日图

饼图/旭日图中的每一个数据点都用一个扇区来表示，所有扇区构成一块圆饼或圆环。饼图只能表示一个系列的数据；而旭日图则可以表示多个系列的数据，一个圆环代表一个数据系列。

4. 瀑布图

瀑布图因为形如瀑布流水而得名。瀑布图具有自上而下的流畅的效果，它也可以称为阶梯图或桥图。瀑布图在企业经营分析、财务分析中使用较多，可用于表示企业成本的构成、变化等情况。

5. 雷达图

顾名思义，雷达图形如雷达，是一种将多维数据用二维图来表示的图表。例如，要评价一个企业的经营状态要从其收益性、生产性、流动性、安全性和成长性多个方面去评价，即从多个维度去评价。要评价的实际状况是一个数据系列，用于对比的标准数据是另外一个数据系列，可将两个系列的数据点绘制成两个同心多边形，数据点为多边形的顶点，用顶点的径向距离表示数据的大小。

二、案例实现

（一）创建图表

◎ 步骤 1　选定用于制作图表的数据源区 A2: C8。

◎ 步骤 2　单击"插入"功能区"图表"组中的"折线图或面积图"按钮；或单击"图表"组右下角的"对话框启动器"，然后从"插入图表"对话框的"推荐的图表"或"所有图表"中选择所需要的"折线图"，如图 5-75 所示。

◎ 步骤 3　按"确定"按钮。

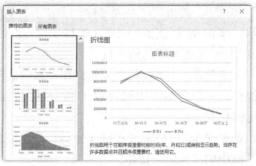

图 5-75　插入图表

（二）添加/删除图表元素

◎ 步骤 1　单击/选择图表。

◎ 步骤 2　单击图表右上角旁边的 ✚ 按钮，展开"图表元素"列表，勾选要添加的元素或取消勾选删除元素，如图 5-76 所示。

图 5-76 添加/删除图表元素

（三）设置/更改数据系列

◎ 步骤 1 右击绘图区空白处。

◎ 步骤 2 执行弹出菜单中的"选择数据"命令。

◎ 步骤 3 在"选择数据源"对话框中更改数据系列，如图 5-77 所示。

方法一：

◎ 步骤 3.1 单击"图表数据区域"输入框或其右边的"折叠"按钮。

◎ 步骤 3.2 框选工作表单元格区域 A2：C8。

◎ 步骤 3.3 若对话框已折叠，则再单击它展开对话框。

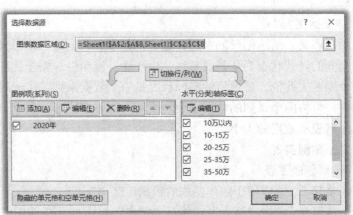

图 5-77 设置/更改数据系列

方法二：

◎ 步骤 3.1 单击"图例项（系列）"框中的"添加""编辑""删除"按钮。如果是"添加""编辑"，则指定"系列名称"和"值"两个部分，即数据列标题和数据区域，如图 5-78 所示。本案例中分别是 B2（2019 年）或 C2（2020 年）和该列下的销售量。

◎ 步骤 3.2 更改数据系列。在本案例之前的操作——创建图表中已选取了两个系列，即 B 列和 C 列。

◎ 步骤 3.3 单击"水平（分类）分类轴标签"框中的"编辑"按钮。

◎ 步骤 3.4 框选 A3：A8。

（四）图元格式设置

1. 图元格式设置工具

图 5-78 "数据编辑系列"对话框

无论是数据点还是其他图元，格式设置通常包含填充样式设置、三维效果设置、位置和大小设置、系列选项设置等，其中前三项为通用设置，最后一项则与具体的图表有关。例如，饼图与扇区角度有关，柱形图则与"柱子"的宽窄、间距有关等。图元格式设置工具如

图 5-79 所示。

2. 数据点特别标示

(1) 添加和设置数据标签格式：

◎ 步骤 1　单击/选定"2020 年"折线，

图 5-79　图元格式设置工具

之后 Excel 会标示出该系列的所有数据点。

◎ 步骤 2　一秒钟之后再单击 10 万～15 万的数据点，即"单选"该数据点。

◎ 步骤 3　单击图表右上角旁边的 ✚ 按钮，勾选"图表元素"列表中的"数据标签"，之后 10 万～15 万内的数据点标签将显示在数据点上。

◎ 步骤 4　右击数据点上的数据标签并执行快捷菜单中的"设置数据标签格式"命令，Excel 将在"设置数据标签格式"边栏中显示"标签选项"，如图 5-80 所示。

◎ 步骤 5　在"设置数据标签格式"窗格/边栏的"标签选项"中勾选"图例项标示"。

(2) 设置数据点格式：

◎ 步骤 1　再次单选 10 万～15 万内的数据点，操作同"添加和设置数据标签"步骤 1、步骤 2。

◎ 步骤 2　右击单选的数据点，在弹出的快捷菜单中单击"设置数据点格式"命令，弹出"设置数据点格式"边栏，如图 5-81 所示。

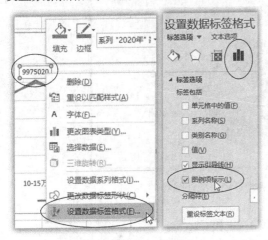

图 5-80　数据标签快捷菜单及
"设置数据标签格式"边栏

图 5-81　数据点快捷菜单及
"设置数据点格式"边栏

◎ 步骤 3　单击"设置数据点格式"边栏中的"填充"工具。

◎ 步骤 4　单击"设置数据点格式"边栏中的"标记"。

◎ 步骤 5　设置标记为"内置""圆形"。

◎ 步骤 6　标记"大小"更改为 10。

2019 年系列的数据点操作同上。

3. 线型设置

◎ 步骤 1　右击"2019 年"折线，执行弹出菜单的"设置数据系列格式"。

◎ 步骤 2　在"设置数据系列格式"中单击"填充"按钮。

◎ 步骤 3　单击"线条"并展开"线条"选项。

◎ 步骤 4　在"短划线类型"下拉选项中选择一种虚线。

【案例 5.6.2】各地区销售占比

如图 5-82 所示是某公司 2020 年各地区销售统计表，现要制作如图 5-83 所示的年度各地区销售统计图表。

A	B	C	D	E	F	G	H	I
2	2020年各地区销售量统计							
3	季度	华北	东北	华东	华中	华南	西南	西北
4	Q1	771	767	1130	1045	1126	685	499
5	Q2	1272	1128	1147	1059	1065	904	590
6	Q3	924	1386	1310	1065	845	1105	702
7	Q4	789	912	1134	826	1187	704	433
8								

图 5-82　2020 年各地区销售统计表

一、计算各地区销售总量

◎ 步骤 1　在 C8 输入公式 "＝SUM（C4：C7）"。

◎ 步骤 2　将公式粘贴到 D8：I8。

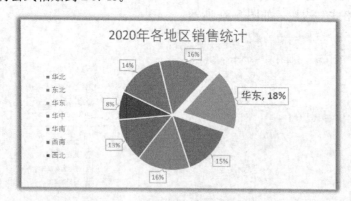

图 5-83　年度各地区销售统计图表

二、创建图表

◎ 步骤 1　用鼠标选择两个分离的区域 C3：I3 和 C8：I8。

◎ 步骤 2　单击 "插入" 功能区 "图表" 组中的 "饼图或环状图" 按钮，然后选择第一个二维 "饼图"；或者单击 "图表" 组右下角的 "对话框启动器"，然后从对话框的 "推荐图表" 中选择 "饼图"。

三、设置图表

（一）设置图例格式

◎ 步骤 1　右击图表上的图例对象，然后执行快捷菜单上 "设置图例格式" 命令。

◎ 步骤 2　单击右窗格上 "图例选项" 中 "图例位置" 下的 "靠左" 选项。

（二）设置数据点标注格式

◎ 步骤 1　右击图表上任一扇区，将鼠标移到快捷菜单 "添加数据标签" 项上右边的子菜单展开按钮，打开其子菜单。

◎ 步骤 2　单击子菜单中的 "添加数据标注" 命令。

◎ 步骤 3　右击其中一个 "标注" 标签，然后执行快捷菜单上的 "设置数据标签格式" 命令。

◎ 步骤 4　取消右窗格上"标签选项"中"标签包括"下的"类别名称"勾选。

（三）突出华东地区的数据点

◎ 步骤 1　单击图表上任一扇区。

◎ 步骤 2　一秒钟后再单击"华东扇区"（标注为"18％"），单击选择该数据点。

◎ 步骤 3　将该扇区从圆饼中向外拖出。

◎ 步骤 4　更改选项窗格中"系列选项"的"第一扇区起始角度"为 295 度。

◎ 步骤 5　单选该扇区边上的标签。

◎ 步骤 6　右击该标签并执行快捷菜单上的"设置数据标签格式"命令。

◎ 步骤 7　勾选"标签选项"中"标签包括"下的"类别名称"。

◎ 步骤 8　更改标签的其他格式，如字号等。

◎ 步骤 9　更改图表标题。

（四）调整绘图区位置

选定绘图区（右击图表，在弹出的图元下拉选项框中选择"绘图区"），接着将绘图区拖到图表中央，如图 5-84 所示。

图 5-84　图元选择

【案例 5.6.3】个体和整体

［案例 5.6.2］的图表中只能显示一个系列的数据，即只做了各地区总销售量的对比。但在很多情况下，我们希望在一张图表上既能反映出各地区总销售量（整体）的差异，也能反映出不同地区各季度销售量（个体）的差异。

一、预备知识

堆积图是一种既能表现数据系列之间的整体差异，又能表现其个体差异的图表。堆积图在 Excel 中并不作为一个独立的分类，而是作为柱形图或条形图的子类，即柱形堆积图和条形堆积图，或者叫堆积柱形图和堆积条形图。

图 5-85 中的每一根长柱子代表一个地区的总销售量，每一根长柱子又堆积了四节短柱子，分别代表该地区四个季度的销售量，重点展示各地区的销售量差异。

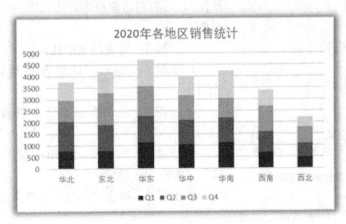

图 5-85　堆积柱形图

图 5-86 是百分比堆积柱形图，重点展示的是各地区每个季度的销售量相对本地区当年销售总量的占比。

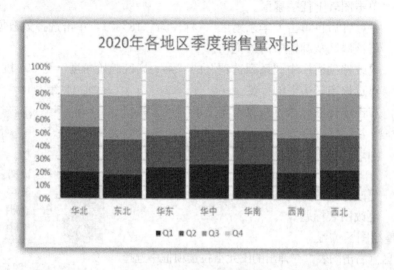

图 5-86　百分比堆积柱形图

二、案例实现

（一）图 5-85 的实现

◎ 步骤 1　用鼠标框选单元格区域 B3: I7（不要也不需包含年度总计行）。

◎ 步骤 2　单击"插入"功能区"图表"组右下角的"对话框启动器"。

◎ 步骤 3　从对话框的"推荐图表"中双击柱形堆积图；或从"全部图表"中单击"柱形图"，再在右边窗格中双击其中一个"柱形堆积图"。

◎ 步骤 4　选定图表标题后再单击它，使其进入编辑状态。

◎ 步骤 5　输入"2020 年各地区销售统计"。

（二）图 5-86 的实现

◎ 步骤 1　同图 5-85 的实现步骤 1、步骤 2。

◎ 步骤 2　从对话框的"全部图表"中单击"柱形图"，再在右边窗格中双击其中一个"百分比堆积柱形图"。

◎ 步骤 3　编辑图表标题。

◎ 步骤 4　输入"2020 年各地区季度销售量对比"。

◎ 步骤 5　右击图表中任一数据点——柱中矩形节。

◎ 步骤 6　执行快捷菜单中的"设置数据系列格式"，如图 5-87 所示。

◎ 步骤 7　单击"系列"选项按钮。

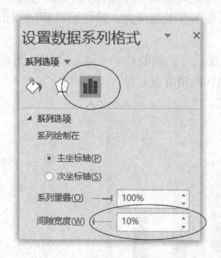

图 5-87　设置数据系列格式

◎ 步骤 8　将"间隙宽度"更改为 10%。

任务 5.7 打 印 设 置

【案例 5.7】跨页打印

如图 5-88 所示的超长超宽表格是无法全部打印在单面纸上的。图 5-89 和图 5-90 所示是该工作表的两种不同的打印结果，其中后者是做了适当的页面设置后的打印结果，而前者是没有做任何页面设置的打印结果。在图 5-89 中，除了第 1 页之外，其他页都无标题，这样的表格是无法使用的，尤其是像第 6 页那样的表格，每一列是什么数据，这些数据又与谁（哪一条记录）对应，光从这一页是看不出来的。相比之下，图 5-90 就一目了然了。

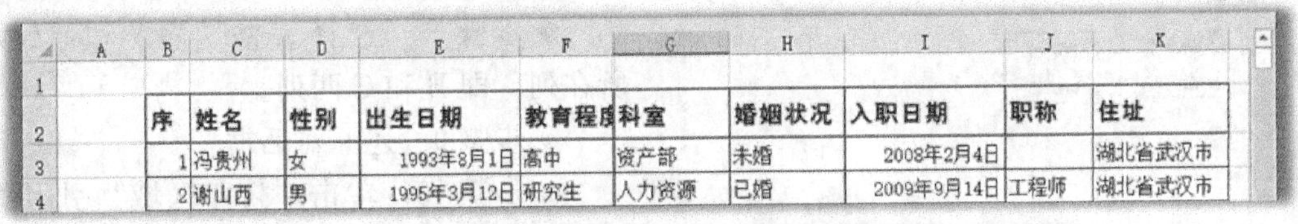

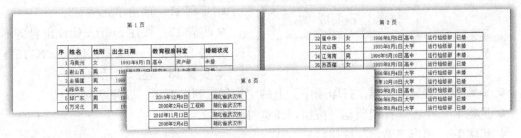

图 5-88　超长超宽表格

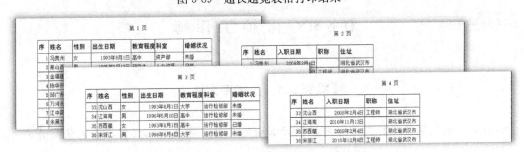

图 5-89　超长超宽表格打印结果一

图 5-90　超长超宽表格打印结果二

◎ 步骤 1　单击"页面布局"标签。
◎ 步骤 2　单击"页面布局"功能区"页面设置"组中的"打印标题"按钮，如图 5-91 所示。

图 5-91　选择"打印标题"

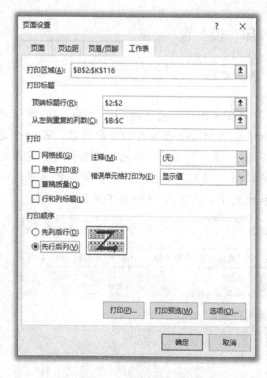

图 5-92　"页面设置"对话框

◎ 步骤 3　在打开的"页面设置"对话框（见图 5-92）中单击"工作表"标签。

◎ 步骤 4　单击"顶端标题行"引用"折叠"按钮，极小化对话框。

◎ 步骤 5　单击工作表上表格的标题行即第 2 行行标。

◎ 步骤 6　还原对话框——单击对话框关闭按钮或"还原"按钮。

◎ 步骤 7　单击"从左侧重复的列数"引用"折叠"按钮。

◎ 步骤 8　选择表格"序"和"姓名"所在列，即 B 和 C 两列。

◎ 步骤 9　还原对话框。

◎ 步骤 10　单击"打印区域"引用"折叠"按钮。

◎ 步骤 11　单击单元格 B2。

◎ 步骤 12　按住 Shift＋Ctrl 组合键不松开，单击 End 键——选择区域 B2: K116。

◎ 步骤 13　还原对话框。

◎ 步骤 14　选定对话框"打印顺序"上的"先行后列"选项，以便翻阅。

◎ 步骤 15　单击"打印预览"按钮，预览打印效果。

◎ 步骤 16　单击"确定"按钮。

任务 5.8　保 护 工 作 簿

【案例 5.8.1】加密文件

加密文件就是用密码对工作簿内容进行加密的文件，丢失或忘记密码将无法打开文件。

方法一：

◎ 步骤 1　单击"文件"选项标签，切换到文件选项窗口。

◎ 步骤 2　在"文件选项窗口"中单击"信息"打开"信息"选项卡（任务窗格）。

◎ 步骤 3　单击"保护工作簿"下拉按钮并执行"用密码进行加密"命令。

◎ 步骤 4　在"加密文档"和"确认密码"对话框中输入相同的密码，最后按"确定"按钮，如图 5-93 所示。

方法二：

◎ 步骤 1　按 F12 打开"另存为"对话框，或者单击"文件"选项标签，切换到文件选项窗口，再单击选项窗口中的"另存为"按钮，选择保存位置。

◎ 步骤 2　单击对话框下边的"工具"下拉按钮，执行下拉菜单的"常规选项"命令。

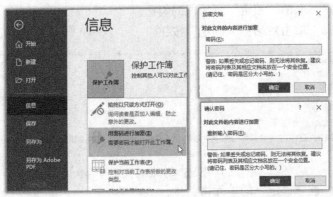

图 5-93 加密文件方法一

◎ 步骤 3 在"常规选择"对话框的"打开权限密码"文本框中和之后打开的"确认密码"文本框中输入相同的密码，如图 5-94 所示。

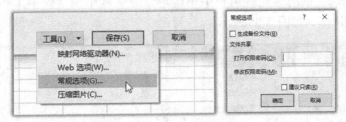

图 5-94 加密文件方法二

如果同时设置了"修改权限密码"，则在打开文件并输入了正确的打开密码之后，接着要输入"修改权限密码"。如果输入的修改密码不正确，文档将以只读方式打开。

【案例 5.8.2】保护工作表

某公司的财务预算与实际支出报表如图 5-95 所示。为了保护"部门""预算"和"差额"数据不被随意更改，要求工作表中除单元格区域 D4: D9 之外，其他单元格一律不能选定和编辑。

▲	A	B	C	D	E
1					
2		各部门预算及实际支出			
3		部门	预算	实际支出	差额
4		营销	¥184,000.00		¥184,000.00
5		研发	¥482,000.00		¥482,000.00
6		行政	¥208,000.00		¥208,000.00
7		管理	¥92,800.00		¥92,800.00
8		营运	¥232,000.00		¥232,000.00
9		业务	¥321,800.00		¥321,800.00
10					

图 5-95 财务预算与实际支出报表

◎ 步骤 1 取消对 D4: D9 的"锁定"保护。在保护工作表时，Excel 默认锁定所有单元格：
  ◎ 步骤 1.1 选择单元格区域 D4: D9。
  ◎ 步骤 1.2 按 Ctrl+1 组合键，打开"设置单元格格式"对话框，如图 5-96 所示。
  ◎ 步骤 1.3 单击对话框上的"保护"标签，切换到"保护"选项卡。

◎ 步骤 1.4　取消"锁定"复选框的勾选。

◎ 步骤 1.5　单击对话框"确定"按钮。

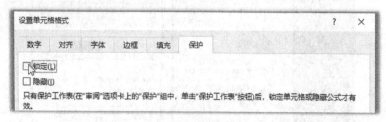

图 5-96　"设置单元格格式"对话框

◎ 步骤 2　保护被"锁定"的单元格：

　　◎ 步骤 2.1　单击"审阅"功能区"保护"组中的"允许编辑区域"按钮，打开"允许用户编辑区域"对话框，如图 5-97 所示。

　　◎ 步骤 2.2　单击"允许用户编辑区域"对话框中的"保护工作表"按钮，打开"保护工作表"对话框，如图 5-98 所示。

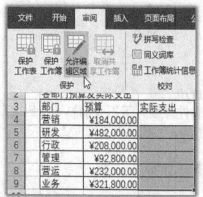

图 5-97　选择"允许编辑区域"

图 5-98　"允许编辑区域"对话框

◎ 步骤 2.3　取消对话框中"选定锁定单元格"选项的勾选，如图 5-99 所示。

图 5-99　"保护工作簿"对话框

习　题

第 1 章习题

一、单选题

1. 第一台电子数字积分式计算机是 1946 年在美国研制成功的，该机的英文缩写名是（　　）。

A. EDVAC　　　　　B. ENIAC　　　　　C. DESAC　　　　　D. MARK-Ⅱ

2. 主存储器有 ROM 和 RAM 两种，突然停电后，计算机存储信息会丢失的是（　　）。

A. 外存储器　　　　B. 只读存储器　　　C. 寄存器　　　　　C. 随机存取存储器

3. 微型计算机中运算器的主要功能是进行（　　）。

A. 算术运算　　　　　　　　　　　B. 逻辑运算

C. 算术和逻辑运算　　　　　　　　D. 初等函数运算

4. 通常将微型计算机的运算器、控制器及内存储器称为（　　）。

A. CPU　　　　　　B. 微处理器　　　　C. 主机　　　　　　D. 微机系统

5. 一个完整的计算机体系包括（　　）。

A. 主机、键盘和显示器　　　　　　B. 计算机和外部设备

C. 硬件系统和软件系统　　　　　　D. 系统软件和应用软件

6. 在 ASCII 码中，ASCII 码值按从小到大的顺序排列的是（　　）。

A. 小写英文字母、大写英文字母、数字

B. 大写英文字母、小写英文字母、数字

C. 数字、大写英文字母、小写英文字母

D. 数字、小写英文字母、大写英文字母

7. 操作系统是（　　）的接口。

A. 主机与外设　　　　　　　　　　B. 用户与计算机

C. 系统软件与应用软件　　　　　　D. 高级语言与低级语言

8. 在计算机中，所有信息的存放与处理都采用（　　）。

A. ASCII 码　　　　B. 二进制　　　　　C. 十六进制　　　　D. 十进制

9. 二进制数 1110111 转换成十六进制数，其值为（　　）。

A. 77　　　　　　　B. D7　　　　　　　C. E7　　　　　　　D. F7

10. 十进制数 269 转换为十六进制数，其值为（　　）。

A. 10E　　　　　　B. 10D　　　　　　C. 10C　　　　　　D. 10

二、填空题

1. 计算机系统由_____子系统和_____子系统构成。

2. 计算机硬件系统主要由_____、_____、_____、_____、_____五大部件构成。

3. 计算机软件可分为_____和_____两大类。

4. CPU 由_____和_____组成，它的任务是_____。

5. 根据存储器作用的不同，可将存储器分为_____和_____两大类。

6. 常用的输出设备有_____、_____、_____等。

7. 1 个字节由_____个二进制位构成，能表示的最大十进制整数为_____。

8. 在计算机中，英文字符采用_____编码表示；汉字字符采用_____编码表示；字符"E"和"7"分别用二进制数_____和_____表示。

9. 二进制数 1110001010＝十进制数_____＝十六进制数_____＝八进制数_____。

10. 1TB=(　　)GB=(　　)MB=(　　)KB=(　　)B，B 指的是_____。

三、简答题

1. 计算机的基本工作原理是什么？

2. 冯·诺依曼计算机结构的主要特点是什么？

3. 什么是存储容量？用什么表示存储容量？

4. 什么是 ASCII 码？查出"A""5"的 ASCII 码值。

5. 有一 U 盘的可用空间是 256KB，使用 ASCII 码存盘，可存储多少个英文字符？若存放汉字，则可存储多少个汉字？

第 2 章习题

一、单选题

1. 使用键盘切换活动窗口，应用（　　）组合键。

A. Ctrl＋Shift　　　　B. Ctrl＋Tab　　　　C. Shift＋Tab　　　　D. Alt＋Tab

2. 单击窗口最小化按钮，窗口在桌面消失，此时该窗口所对应的程序（　　）。

A. 还在内存中运行　　　　　　　　B. 停止运行

C. 正在前台运行　　　　　　　　D. 暂停运行，鼠标右击继续运行

3. 要删除一种中文输入法，可在下列哪个窗口中进行（　　）。

A. 控制面板　　　　　　　　　　B. 资源管理器

C. 文字信息处理程序　　　　　　D. 此电脑

4. Windows 10 中，下列说法错误的是（　　）。

A. 文件名不区分字母大小写　　　B. 文件名可以有空格

C. 文件名最长可以有 256 个字符　　D. 文件名可以用任意字符

5. Windows 10 的"桌面"指的是（　　）。

A. 整个屏幕　　　B. 全部窗口　　　C. 某个窗口　　　D. 活动窗口

6. 扩展名为 .txt 的文件是（　　）类型的文件。

A. 图像　　　B. 文本　　　C. 可执行　　　D. 压缩

7. 在 Windows 10 中，"回收站"是指（　　）。

A. 硬盘上的一块区域　　　　　　B. U 盘上的一块区域

C. 内存中的一块区域

D. 光盘上的一块区域

8. 在 Windows 10，下列哪些操作可启动一个应用程序（   ）。

A. 右键双击应用程序图标

B. 右击应用程序图标

C. 单击应用程序图标

D. 双击应用程序图标

9. 在 Windows 10 中，下列不能进行文件重命名操作的是（   ）。

A. 选定文件后再按 F4 键

B. 选定文件后单击文件名

C. 右击文件，在弹出的快捷菜单中选择"重命名"命令

D. 用资源管理器"文件"菜单中的"重命名"命令

10. 在 Windows 10 中打开一个文档一般就能同时打开相应的应用程序，因为（   ）。

A. 文档就是应用程序

B. 必须通过这个方法来打开应用程序

C. 文档与应用程序建立了关联

D. 文档是应用程序的附属

二、填空题

1. Windows 是一种面向_____的多_____操作系统。

2. 桌面是_____与用户交互的图形界面，窗口是_____与用户交互的图形界面。

3. Windows 将一个对象所具有的最常用的操作功能组织为_____。

4. 通常单击鼠标的作用是_____对象，双击鼠标的作用是_____对象。

5. 当执行某项程序功能时，需要用户输入或选择相关参数，则会弹出_____。

6. 在对象上右击鼠标通常弹出_____。

7. Windows 提供了多种启动应用程序的方法，常用的方法有_____、_____、_____。

8. 打开或关闭输入法一般使用_____键，在各种输入法之间切换一般使用_____键。

9. 半角和全角的切换一般使用_____键，中英文标点的切换一般使用_____键。

10. 复制的快捷键是_____，剪切的快捷键是_____，粘贴的快捷键是_____。

三、简答题

1. 在 Windows 中，对象指的是什么？任务指的是什么？

2. 鼠标的基本操作有哪些？各操作的作用是什么？

3. 全角字符和半角字符有什么区别？中文标点和英文标点有什么区别？

4. 在 Windows 中，"复制""剪切"和"粘贴"这三种操作的功能分别是什么？

5. 软件的获取方式一般有几种？如何使用 Windows 10 的应用商店？

第 3 章习题

一、单选题

1. Word 具有的功能是（   ）。

A. 表格处理

B. 绘制图形

C. 自动更正

D. 以上三项都是

2. 通常情况下，下列选项中不能用于启动 Word 2016 的操作是（   ）。

A. 双击 Windows 桌面上的 Word 2016 快捷方式图标

B. 单击"开始"→"所有程序"→"Microsoft Office"→"Microsoft Word 2016"

C. 在 Windows 资源管理器中双击 Word 文档图标

D. 单击 Windows 桌面上的 Word 2016 快捷图标

3. 在 Word 文档中，每个段落都有自己的段落标记，段落标记的位置在（　　）。

A. 段落的首部　　　　　　　　　　　　B. 段落的结尾处

C. 段落的中间位置　　　　　　　　　　D. 段落中，但用户找不到的位置

4. Word 2016 文档的默认扩展名为（　　）。

A. .txt　　　　　　B. .doc　　　　　　C. .docx　　　　　　D. .jpg

5. 根据文件的扩展名，下列文件属于 Word 2016 文档的是（　　）。

A. text.wav　　　　B. text.txt　　　　C. text.png　　　　D. text.docx

6. 要使 Word 能自动更正经常出现输入错误的单词，应使用（　　）功能。

A. 拼写检查　　　B. 同义词库　　　C. 自动拼写　　　D. 自动更正

7. 在 Word 编辑状态下，当前输入的文字显示在（　　）。

A. 鼠标光标处　　　B. 插入点处　　　C. 文件尾部　　　D. 当前行的尾部

8. 在 Word 编辑状态下，模式匹配查找中能使用的通配符是（　　）。

A. ＋和－　　　　B. ＊和，　　　　C. ＊和？　　　　D. ／和＊

9. 在 Word 软件中，下列操作中能够切换"插入和改写"两种编辑状态的是（　　）。

A. 按 Ctrl＋I 组合键

B. 按 Shift＋I 组合键

C. 用鼠标单击状态栏中的"插入"或"改写"

D. 用鼠标单击状态栏中的"修订"

10. 在 Word 编辑状态下，操作的对象经常是被选定的内容，若鼠标在某行行首的左边，下列（　　）操作可以仅选定光标所在的行。

A. 双击鼠标左键　　　　　　　　　　　B. 单击鼠标右键

C. 三击鼠标左键　　　　　　　　　　　D. 单击鼠标左键

11. 在 Word 编辑状态下，要想删除光标前面的字符，可以按（　　）

A. Backspace　　　B. Delete（或 Del）　　C. Ctrl＋P　　　　D. Shift＋A

12. 在 Word 编辑状态下，可以显示页面四角的视图模式是（　　）。

A. 草稿视图模式　　　　　　　　　　　B. 大纲视图模式

C. 页面视图模式　　　　　　　　　　　D. 阅读版式视图模式

13. 在 Word 文档中查找指定单词或短语的功能是（　　）。

A. 搜索　　　　　　B. 局部　　　　　　C. 查找　　　　　　D. 替换

14. 在 Word 2016 中，各级标题层次分明的是（　　）。

A. 草稿视图　　　　B. Web 版式视图　　C. 页面视图　　　　D. 大纲视图

15. 在 Word 中编辑文档时，为了使文档更清晰，可以对页眉、页脚进行编辑，如输入时间、日期、页码、文字等，但要注意的是页眉、页脚只允许在（　　）中使用。

A. 大纲视图　　　　B. 草稿视图　　　　C. 页面视图　　　　D. 以上都不对

16. 在 Word 中，欲删除刚输入的汉字"李"字，错误的操作是（　　）。

A. 选择"快速访问工具栏"中的"撤销"命令

B. 按 Ctrl+Z 键

C. 按 Backspace 键

D. 按 Delete 键

17. 在 Word 中，用中文输入法编辑文档时，如果需要进行中英文切换，可以使用的组合键是（　　）。

A. Shift+空格　　　　B. Ctrl+Alt　　　　C. Ctrl+.　　　　D. Ctrl+空格

18. 在 Word 编辑状态下，使插入点快速移动到文档末尾的操作是（　　）。

A. Home　　　　B. Ctrl+End　　　　C. Alt+End　　　　D. Ctrl+Home

19. 在 Word 编辑状态下，单击"开始"选项卡下"剪贴板"组中的"粘贴"按钮后（　　）。

A. 被选择的内容移到插入点处　　　　B. 被选择的内容移到剪贴板处

C. 剪贴板中的内容移到插入点处　　　　D. 剪贴板中的内容复制到插入点处

20. 在 Word 的"字体"对话框中，不可设定文字的（　　）。

A. 删除线　　　　B. 行距　　　　C. 字号　　　　D. 字符间距

21. 在 Word 中，关于"套用表格样式"的用法，下列说法正确的是（　　）。

A. 可在生成新表时使用自动套用格式或插入表格的基础上使用自动套用格式

B. 只能直接用自动套用格式生成表格

C. 每种自动套用的格式已经固定，不能对其进行任何形式的更改

D. 在套用一种格式后，不能再更改为其他格式

22. 在 Word 中，下列关于单元格的拆分与合并操作正确的是（　　）。

A. 可以将表格左右拆分成 2 个表格

B. 可以将同一行连续的若干个单元格合并为 1 个单元格

C. 可以将某一个单元格拆分为若干个单元格，这些单元格均在同一列

D. 以上说法均错

23. 在 Word 中，当在文档中插入图片对象后，可以通过设置图片的文字环绕方式进行图文混排，下列（　　）方式不是 Word 提供的文字环绕方式。

A. 四周型　　　　B. 衬于文字下方　　　　C. 嵌入型　　　　D. 左右型

24. 在 Word 中选定图形的方法是（　　），此时会出现"绘图工具"的"格式"选项卡。

A. 按 F2 键　　　　B. 双击图形　　　　C. 单击图形　　　　D. 按 Shift 键

25. 在 Word 中，可以在文档的每页或一页上打印一个图形作为页面背景，这种特殊的文本效果被称为（　　）。

A. 图形　　　　B. 艺术字　　　　C. 插入艺术字　　　　D. 水印

二、多选题

1. 在 Word 中，段落对齐的方式有（　　）。

A. 左对齐　　　　B. 分散对齐　　　　C. 居中对齐　　　　D. 两端对齐

2. 在 Word 中，关于打印叙述错误的是（　　）。

A. 当处于"打印预览"状态下时，若要打印文档，必须首先退出"打印预览"状态

B. 可直接在"打印预览"状态下执行打印操作

C. 只有在执行"打印预览"后，才能进行文档打印

D. 只有在进行至少一次文档打印后，才能执行"打印预览"命令

3. 在 Word 中，对于插入文档中的图片能够进行的操作是（　　）。

A. 裁剪　　　　　　　　B. 旋转　　　　　　　C. 调整颜色　　　　　　D. 调整亮度

4. 在 Word 中，利用"绘图"工具栏中的"矩形"按钮绘制一个矩形后，该矩形的（　　）。

A. 大小能改变

B. 位置能改变

C. 线条粗细能改变

D. 形状不能改变（如变成平行四边形、梯形等）

5. 在 Word 编辑状态下，下列（　　）信息会出现在状态栏中。

A. 当前正在编辑的文档名　　　　　　　B. 当前的时间

C. 当前光标所在的页码　　　　　　　　D. 当前光标所在的行号

6. 打开 Word 时，默认打开的工具栏有（　　）。

A. 常用　　　　　　　　B. 符号　　　　　　　C. 格式　　　　　　　D. 表格和边框

7. 在 Word 中，不能够进行翻转或旋转的对象是（　　）。

A. 文字　　　　　　　　B. 表格　　　　　　　C. 图片　　　　　　　D. 图形

8. 下列选项中，（　　）是菜单栏中的内容。

A. 格式　　　　　　　　B. 窗口　　　　　　　C. 工具　　　　　　　D. 帮助

9. 下列关于"选定 Word 对象操作"的叙述，正确的是（　　）。

A. 鼠标左键双击文本可以选定一个段落

B. 将鼠标移动到该行的左侧，直到鼠标变成一个指向右边的箭头，单击可以选定一行

C. 按 Alt 键的同时拖动鼠标左键可以选定一个矩形区域

D. 执行编辑菜单中的"全选"命令可以选定整个文档

三、判断题

1. 在 Word 对象中，能够对图形进行裁剪操作。

2. 在 Word 中，用户可以通过"工具"菜单中的"保护文档"命令对文档设置"修改权限密码"。

3. 在 Word 文档中，用于打开文档的快捷键是 Ctrl＋S。

4. 在 Word 编辑状态下，如果选定的文字中含有不同的字体，那么在格式栏"字体"框中，将会显示所选文字中第一种字体的名称。

5. 在 Word 表格中，单元格的底纹不能改变。

6. 在 Word 中，利用"格式刷"按钮可以复制文本的段落格式、样式、字体和字号格式。

7. 在 Word 中，用鼠标左键单击"项目符号"按钮后，可在现有的所有段落前自动添加项目符号。

8. 在 Word 窗口的"文件"菜单底部列有若干文档名，这些文件名的数目最多为 9 个。

9. 在 Word 中，能够与图形对象进行"组合"操作的对象是文字。

10. 在 Word 视图模式中，显示效果与实际打印效果最接近的视图模式是普通视图。

11. 在 Word 中，图形组合功能可以通过绘图工具栏中的"组合"命令来实现。

12. 在 Word 编辑状态下，选定一段文字后，若格式工具栏的"字号"框中显示的内容

为空白，则说明被选定文字中含有两种以上的字号。

13. 在 Word 中，打开"视图"下拉菜单的快捷键是 Alt＋V。

14. 在 Word 编辑状态下，选定若干文字后，用鼠标左键单击"常用"工具栏"显示比例"列表框中的下拉按钮并选定"75％"，则选定文字按"75％"比例显示，其他不变。

15. 在 Word 表格中，通过拖动鼠标选定多个单元格后按 Delete 键，则选定单元格的内容被删除，表格单元格变成空白。

16. 在 Word 编辑状态下，若当前的文本处于竖排状态，当选定若干文字后用鼠标左键单击"更改文字方向"按钮，则文档中的所有文字均变成横排状态。

17. 用鼠标左键双击 Word 标题栏左侧的控制菜单图标，可最小化 Word 窗口。

18. 在 Word 编辑状态下，能实现查找功能的快捷键是 Ctrl＋A。

19. 在 Word 中，使用"表格"菜单中的"绘制表格"命令在表格的某个单元格内绘制一条横线，则原表格以该横线为界，被拆分成两个表格。

20. 在 Word 中，执行"工具"菜单中的"字数统计"命令后，用户不能得到的信息是文档的行数。

四、填空题

1. 当修改一个 Word 文档时，必须把＿＿＿＿＿＿＿＿＿＿＿移到需要修改的位置。

2. 滚动块在＿＿＿＿＿滚动条中的位置表明窗口中文本的位置与文档头尾的相对位置关系。

3. 如果在 Word 文档中没有选定字符，则字体作用于＿＿＿＿＿＿＿＿＿＿处。

4. 使用页眉和页脚对话框，可以插入日期、页数及＿＿＿＿＿。

5. 在一个对话框中，Word 提供了两种方法来确认所做的选择：单击＿＿＿＿＿＿＿按钮或按 Enter 键。

6. 在"文件名"对话框中，可以输入多达＿＿＿＿个字符的文档名。

7. 在状态栏中，当＿＿＿＿＿＿是黑色时，Word 处于改写模式。

8. Word 的工作窗口主要由＿＿＿＿、＿＿＿＿、＿＿＿＿、＿＿＿＿、＿＿＿＿五部分组成。

9. 剪切、复制、粘贴的快捷键分别是＿＿＿＿、＿＿＿＿、＿＿＿＿。

10. 若要将插入点移到文档的尾部，按＿＿＿＿键最快捷。

11. 若要将一个以文件形式保存的图片插入当前文档中，则应选取选项卡中的＿＿＿＿命令。

12. 图文混排指的是＿＿＿＿和＿＿＿＿的排列融为一体，恰到好处。

13. 编辑图片的操作主要有＿＿＿＿、＿＿＿＿、＿＿＿＿等。

14. 打印之前最好能进行＿＿＿＿＿＿，以确保取得满意的打印效果。

15. Word 的启动可以从＿＿＿＿菜单的"程序"项中找到"Microsoft Word"，单击即可。

16. 如果要结束 Word 的使用，可选择"文件"菜单中的＿＿＿＿命令。

17. 在 Word 中，如果想要查看插入光标在文档内的当前位置，处于第几节、第几页，处于插入方式还是改写方式，可以从窗口最下方的＿＿＿＿上查看到。

18. 在 Word 中，为了更好地组织冗长文档的编排，可使用＿＿＿＿＿＿＿视图模式。在这种视图模式下，可以折叠文档以便只看标题、子标题，或者展开查看整个文档。

19. Word 中的"剪贴板"最多可容纳＿＿＿＿＿＿＿项内容。

20. 在 Word 中，要选整个文本，可将鼠标移到左边选定栏，＿＿＿＿＿＿＿左键；也可以用"编辑"菜单中的"全选"命令或按＿＿＿＿＿＿＿组合键。

第 4 章习题

一、单选题

1. PowerPoint 2016 演示文稿的扩展名是（　　）。
A. .doc 　　　　　 B. .pwt 　　　　　 C. .pptx 　　　　　 D. .ppt

2. 演示文稿的基本组成单元是（　　）。
A. 幻灯片 　　　　 B. 文本 　　　　　 C. 占位符 　　　　 D. 图形

3. 如果演示文稿中设置了隐藏的幻灯片，那么在放映时这些隐藏的幻灯片（　　）。
A. 将同其他幻灯片一起放映
B. 是否放映将根据用户的设置而定
C. 能放映出来，只是该幻灯片的动画效果无法放映出来
D. 不会放映出来

4. 在 PowerPoint 2016 的幻灯片浏览视图中，不能完成的操作是（　　）。
A. 添加幻灯片 　　　　　　　　　　 B. 删除幻灯片
C. 编辑幻灯片 　　　　　　　　　　 D. 移动幻灯片

5. 在 PowerPoint 2016 的（　　）中可以进行文本的输入。
A. 普通视图、幻灯片浏览视图、大纲视图
B. 大纲视图、幻灯片放映视图、备注页视图
C. 普通视图、大纲视图、幻灯片放映视图
D. 普通视图、大纲视图、备注页视图

6. 选择不连续的多张幻灯片，可借助（　　）键。
A. Shift 　　　　　 B. Ctrl 　　　　　 C. Tab 　　　　　　 D. Alt

7. 在 PowerPoint 中，要使幻灯片播放时幻灯片上的对象按一定的顺序依次出现，可以通过（　　）来实现。
A. 自定义动画 　　　　　　　　　　 B. 幻灯片切换
C. 设置放映方式 　　　　　　　　　 D. 超链接

8. 在 PowerPoint 2016 中执行了插入新幻灯片的操作，被插入的幻灯片将出现在（　　）。
A. 当前幻灯片之前 　　　　　　　　 B. 当前幻灯片之后
C. 最前 　　　　　　　　　　　　　 D. 最后

9. 在 PowerPoint 2016 中，有时需要在某一些幻灯片的同一位置出现相同的对象，如页码、日期等，可以在（　　）中插入这些对象。
A. 备注 　　　　　 B. 幻灯片 　　　　 C. 母板 　　　　　 D. 主题

10. PowerPoint 提供了多种（　　），它包含了相应的配色方案、母板和字体样式等，

可供用户快速生成风格统一的演示文稿。

A. 版式   B. 幻灯片   C. 母板   D. 模板

11. 下列有关 PowerPoint 插入表格的说法不正确的是（   ）。

A. 可以向表格插入新行和新列   B. 不能合并和拆分单元格

C. 可以改变行高和列宽   D. 可以给表格添加边框

12. 当新插入的图片挡住原来的对象时，下列说法不正确的是（   ）。

A. 可以调整图片的大小

B. 可以调整图片的叠放次序

C. 只能删除这张图片，更换大小合适的图片

D. 可以调整图片的位置

13. 在 PowerPoint 中，幻灯片中不能设置动画效果的对象有（   ）。

A. 声音和视频   B. 文字   C. 图片   D. 图表

14. 母板分为（   ）。

A. 幻灯片母板和讲义母板

B. 幻灯片母板和标题母板

C. 幻灯片母板、讲义母板、标题母板和备注母板

D. 幻灯片母板、讲义母板和备注母板

15. "自定义动画"的功能是（   ）。

A. 给幻灯片的对象添加动画效果   B. 插入 Flash 动画

C. 设置放映方式   D. 设置切换效果

16. 使用动画刷，将动画效果复制到其他对象的正确方法是（   ）。

①单击"动画"选项卡下"高级动画"组中的动画刷

②在幻灯片中选择需要复制的动画效果

③用刷子刷想要应用动画刷的对象

A. ①②③   B. ②③①   C. ①③②   D. ②①③

17. 一张幻灯片播放结束过渡到下一个幻灯片，称为（   ）。

A. 幻灯片动画效果   B. 动作按钮

C. 幻灯片切换效果   D. 幻灯片版式

18. 如果要从第 5 张幻灯片跳转到第 2 张幻灯片，可以通过设置（   ）来实现。

A. 自定义动画   B. 动作按钮

C. 幻灯片切换   D. 动画方案

19. 在 PowerPoint 2016 中，对于已创建的演示文稿可以用（   ）命令转移到其他未安装 PowerPoint 2016 的机器上放映。

A. 文件→打印

B. 文件→发送

C. 幻灯片放映

D. 文件→导出→将演示文稿打包成 CD

20. 在演示文稿中，"超级链接"不能链接的目标是（   ）。

A. 链接到网页   B. 链接到幻灯片中的某个对象

C. 链接到其他文件　　　　　　　　　　D. 链接到其他幻灯片

二、判断题

1. 双击一个演示文稿文件，计算机会启动 PowerPoint 程序，并打开这个演示文稿。

2. 演示文稿在放映过程中不能改变播放顺序。

3. 幻灯片中的对象可以是文本、声音、图片和视频。

4. 在幻灯片浏览视图中，可以通过拖动幻灯片的方法来改变幻灯片的排列次序。

5. 幻灯片版式指的是幻灯片中文本、图形、表格、图表、剪贴画等对象的布局形式，演示文稿中幻灯片的版式必须是一样的。

6. 在幻灯片放映过程中，笔的颜色不可以进行选择。

7. 在 PowerPoint 2016 中，可以对复制或插入的图片进行编辑。

8. 在演示文稿中可以插入剪贴画，但不能插入 .jpg、.gif、.bmp 等格式的图形文件。

9. 在幻灯片中，一个对象只能设置一种动画效果。

10. 幻灯片的背景不能使用外部的图片。

三、填空题

1. ＿＿＿＿＿＿＿＿＿＿＿是一种带有虚线边框的方框，在这些虚线方框内可以输入标题及正文，或插入 SmartArt 图形、图表、表格和图片等对象。

2. 利用文本框可以在幻灯片中添加文本，文本框分为＿＿＿＿＿＿＿＿和＿＿＿＿＿＿＿＿两种。其中＿＿＿＿＿＿＿＿的文字按从左到右的顺序排列；＿＿＿＿＿＿＿＿的文字按从上到下的顺序排列。

3. 在幻灯片放映中按＿＿＿＿＿＿＿＿键可以终止放映。

4. 利用＿＿＿＿＿＿＿＿可以复制文字的格式，只有双击它才可以多次使用。

5. 演示文稿的播放是以＿＿＿＿＿＿＿＿＿＿为单位的。

6. PowerPoint 2016 提供了丰富的＿＿＿＿＿＿＿＿＿＿，包含了设置好的演示文稿外观效果，用户只需要对其中的内容进行修改，就可以创建出需要的演示文稿。

7. ＿＿＿＿＿＿＿＿＿＿＿是用来对演示文稿中所有幻灯片的外观进行匹配的一个样式，如让幻灯片具有相同的背景效果、统一的修饰元素、统一的文字格式等。

8. 幻灯片的放映分为＿＿＿＿＿＿＿＿＿＿和＿＿＿＿＿＿＿＿，默认的放映方法为普通放映。

9. 在放映幻灯片时，用户有时不希望某些幻灯片被放映，又不想把该幻灯片删除，可以将幻灯片＿＿＿＿＿＿＿＿＿＿。

10. PowerPoint 的动态效果分为两种：一种是幻灯片上各个对象显示时的动态效果，称为幻灯片＿＿＿＿＿＿＿＿；另一种是从一张幻灯片切换到另一张幻灯片时的动态效果，称为幻灯片＿＿＿＿＿＿＿＿＿＿。

第 5 章习题

一、问答题

1. Excel 列使用英文字母表示，第 26 列标识为 Z，第 27 列标识为什么？

2. 电话号码、邮政编码是什么类型的数据？

3. 不同类型的数据是否可以进行混合运算?

4. 填充可以向几个方向进行?

5. 工作表标签滚动按钮什么时候变亮?

6. 粘贴区域数据时,是否有必要选择与复制的区域同样形状、大小的区域?

7. Excel 中有没有拆分单元格的功能? 为什么?

二、单选题

1. (　　) 是 Excel 2016 的三个重要概念。

A. 工作簿、工作表和单元格 　　　　　B. 行、列和单元格

C. 表格、工作表和工作簿 　　　　　　D. 桌面、文件夹和文件

2. Excel 2016 可以同时打开 (　　) 个工作簿。

A. 三 　　　　　B. 一 　　　　　C. 多 　　　　　D. 二

3. 在 Excel 2016 中,设置工作簿密码是在 (　　) 中完成。

A. 文件→选项 　　B. 文件→信息 　　C. 文件→新建 　　D. 文件→保存

4. 在 Excel 2016 中,用相对地址引用的单元格在公式复制中目标公式会 (　　)。

A. 不变 　　　　　　　　　　　　　　B. 变化

C. 列地址变化 　　　　　　　　　　　D. 行地址变化

5. Excel 不允许用户命名的有 (　　)。

A. 工作表 　　　B. 表格区域 　　　C. 样式 　　　D. 函数

6. 在 Excel 2016 中,能通过关键字段查找记录的函数是 (　　)

A. SUM 　　　B. VLOOKUP 　　　C. AND 　　　D. IF

7. Excel 工作簿文件的缺省类型是 (　　)。

A. .txt 　　　B. .xlsx 　　　C. .docx 　　　D. .wps

8. Excel 公式中 ":" 运算符只能用于 (　　)。

A. 算术运算 　　B. 关系运算 　　C. 文字连接 　　D. 集合运算

9. Excel 是一种主要用于 (　　) 的工具。

A. 画图 　　　B. 上网 　　　C. 放幻灯片 　　　D. 表格处理

10. 以下属于 Excel 数据筛选功能的是 (　　)。

A. 满足条件的记录全部显示出来,而删除不满足条件的数据

B. 不满足条件的记录暂时隐藏起来,只显示满足条件的数据

C. 不满足条件的数据用另一张工作表保存起来

D. 将满足条件的数据突出显示

11. Excel 图表是动态的,当在图表中修改了数据系列的值时,与图表相关的工作表中的数据 (　　)。

A. 出现错误值 　　　　　　　　　　　B. 不变

C. 自动修改 　　　　　　　　　　　　D. 用特殊颜色显示

12. Excel 文档包括 (　　)。

A. 工作表 　　B. 工作簿 　　C. 编辑区域 　　D. 以上都是

13. 在 Excel 中,各运算符的优先级由高到低的顺序为 (　　)。

A. 算术运算符、比较运算符、字符串运算符

B. 算术运算符、字符串运算符、比较运算符

C. 比较运算符、字符串运算符、算术运算符

D. 字符串运算符、算术运算符、比较运算符

14. 在 Excel 中，函数（　　）计算选定单元格区域内数据的总和。

A. AVERAGE　　　　　B. SUM　　　　　　　C. MAX　　　　　　　D. COUNT

15. 在 Excel 中，进行添加边框、颜色的操作在下列哪个标签中？（　　）

A. 视图　　　　　　　B. 插入　　　　　　　C. 开始　　　　　　　D. 数据

16. Excel 中比较运算符公式返回的计算结果为（　　）。

A. T　　　　　　　　B. F　　　　　　　　C. 1　　　　　　　D. TRUE 或 FALSE

17. Excel 中数据删除有两个概念：数据清除和数据删除，它们针对的对象分别是（　　）。

A. 数据和单元格　　　　　　　　　　　B. 单元格和数据

C. 两者都是单元格　　　　　　　　　　D. 两者都是数据

18. 如果希望按拼音首字母排序，可在"排序"对话框内的（　　）中完成。

A. 次序　　　　　　　B. 选项　　　　　　　C. 添加条件　　　　　D. 筛选

19. 编辑自定义序列在（　　）选项卡中完成。

A. 开始　　　　　　　B. 插入　　　　　　　C. 文件　　　　　　　D. 审阅

20. 打开"拼写检查"对话框的快捷键是（　　）。

A. F1　　　　　　　　B. Ctrl+F　　　　　　C. Shift+F　　　　　　D. F7

21. 打开 Excel，按（　　）组合键可快速打开"文件"清单。

A. Alt+F　　　　　　B. Tab+F　　　　　　C. Ctrl+F　　　　　　D. Shift+F

22. 打印部分工作表可在（　　）中完成。

A. 文件/选项　　　　　B. 打印　　　　　　　C. 信息　　　　　　　D. 帮助

23. 当向 Excel 工作表单元格中输入公式时，使用单元格地址 D$2 引用 D 列、2 行单元格，该单元格的引用称为（　　）。

A. 交叉地址引用　　　　　　　　　　　B. 混合地址引用

C. 相对地址引用　　　　　　　　　　　D. 绝对地址引用

24. 单击"程序"清单下的 Excel 命令，运行 Excel 2016，此时默认有（　　）个工作标签。

A. 4　　　　　　　　B. 3　　　　　　　　C. 2　　　　　　　D. 1

25. 对工作表建立的柱形图表，若删除图表中的某数据系列柱形图，（　　）。

A. 则数据表中相应的数据不变

B. 则数据表中相应的数据消失

C. 若事先选定被删除柱形图相应的数据区域，则该区域数据消失，否则保持不变

D. 若事先选定被删除柱形图相应的数据区域，则该区域数据不变，否则数据消失

26. 关于 Excel 区域的定义，下列不正确的是（　　）。

A. 区域可由单一单元格组成　　　　　　B. 区域可由同一列的连续多个单元格组成

C. 区域可由不连续的单元格组成　　　　D. 区域可由同一行的连续多个单元格组成

27. 关于分类汇总，下列叙述正确的是（　　）。

A. 分类汇总首先应按分类字段值对记录排序

B. 分类汇总可以按多个字段分类

C. 只能对数值型的字段分类

D. 汇总方式只能求和

28. 关于筛选，下列叙述正确的是（　　）。

A. 自动筛选可以同时显示数据区域和筛选结果

B. 高级筛选可以进行更复杂条件下的筛选

C. 高级筛选不需要建立条件区

D. 自动筛选可将筛选结果放在指定区域

29. 假设在一个数据清单中有"系"和"成绩"字段，若只想显示外语系学生成绩记录，可使用"数据"菜单中的（　　）命令。

A. 筛选　　　　　　B. 分类汇总　　　　　　C. 排序　　　　　　D. 分列

30. 要对数据为"100～200"的单元格设置格式，应选择条件格式下的（　　）。

A. 项目选取规则　　　　　　　　　　B. 突出显示单元格规则

C. 色阶　　　　　　　　　　　　　　D. 图标集

31. 将数字自动转换为中文大写字母的操作在（　　）中进行。

A. 样式　　　　　　　　　　　　　　B. 设置单元格格式

C. 数据有效性　　　　　　　　　　　D. 审阅

32. 将相对引用变为绝对引用的快捷键是（　　）。

A. F9　　　　　　　B. F8　　　　　　　C. F4　　　　　　　D. F5

33. 快速打开"查找与替换"对话框的组合键是（　　）。

A. Ctrl＋F　　　　　B. Shift＋F　　　　C. Ctrl＋C　　　　D. Alt＋S

34. 快速打开"设置单元格格式对话框"的组合键是（　　）。

A. Shift＋0　　　　　B. Ctrl＋0　　　　　C. Ctrl＋1　　　　D. Alt＋1

35. 若要在工作表中选择一整列，方法是（　　）。

A. 单击行标题　　　B. 单击列标题　　　C. 单击全选按钮　　D. 单击单元格

36. 若要重新对工作表命名，可以使用的方法是（　　）。

A. 单击表标签　　　　　　　　　　　B. 双击表标签

C. 按 F5 键　　　　　　　　　　　　D. 使用窗口左下角的滚动按钮

37. 设置"保护工作表"是在（　　）中完成。

A. 插入　　　　　　B. 视图　　　　　　C. 审阅　　　　　　D. 数据

38. 添加打印日期在（　　）中完成。

A. 页面布局　　　　B. 视图　　　　　　C. 审阅　　　　　　D. 开始

39. 为单元格或单元格区域命名的操作（名称管理器）在（　　）选项卡下进行。

A. 开始　　　　　　B. 审阅　　　　　　C. 公式　　　　　　D. 视图

40. 为单元格设置屏幕提示信息（批注）在（　　）选项卡下进行。

A. 审阅　　　　　　B. 数据　　　　　　C. 视图　　　　　　D. 公式

41. 为了实现多字段的分类汇总，Excel 提供的工具是（　　）。

A. 数据地图　　　　B. 数据列表　　　　C. 数据分析　　　　D. 数据透视表

42. 下列 Excel 的表达式中，属于绝对地址的表达式是（　　）。

A. E8   B. ＄A2   C. C＄   D. ＄G＄5

43. 下列函数中，（   ）函数不需要参数。

A. DATE   B. DAY   C. TODAY   D. TIME

44. 下列选项中不属于"单元格格式"对话框中数字标签的内容的是（   ）。

A. 字体   B. 货币   C. 日期   D. 分数

45. 显示或隐藏填充柄功能是在（   ）中设置。

A. 文件→选项→常规   B. 文件→选项→高级

C. 文件→帮助   D. 文件→设置

46. 要改变数字格式可使用"设置单元格格式"对话框的（   ）选项。

A. 对齐   B. 填充   C. 数字   D. 字体

47. 在一个工作表中，各列数据均含标题，要对所有列数据进行排序，用户应选择的排序区域是（   ）。

A. 含标题的所有数据区   B. 含标题的任一列数据

C. 不含标题的所有数据区   D. 不含标题的任一列数据

48. 移动到下一张工作表的组合键是（   ）。

A. Shift＋Page Down   B. Ctrl＋Page Down

C. Shift＋End   D. Alt＋End

49. 下列方式中可在 Excel 中输入文本类型的数字"0001"的是（   ）。

A. " 0001'   B. " 0001'   C. \ 0001   D. \\0001

50. 下列方式中可在 Excel 中输入数值－6 的是（   ）。

A. " 6   B. （6）   C. \6   D. \\6

51. 有关"新建工作簿"有下面几种说法，其中正确的是（   ）。

A. 新建的工作簿会覆盖原先的工作簿

B. 新建的工作簿在原先的工作簿关闭后出现

C. 可以同时出现两个工作簿

D. 新建工作簿可以使用 Shift＋N

52. 有关表格排序的说法正确是（   ）。

A. 只有数字类型可以作为排序的依据

B. 只有日期类型可以作为排序的依据

C. 笔画和拼音不能作为排序的依据

D. 排序方式有升序和降序两种

53. 在右键单击一个单元格后弹出的快捷菜单中，下列（   ）命令不属于其中。

A. 插入   B. 删除   C. 删除工作表   D. 复制

54. 在"文件"菜单中选择"打开"选项时（   ）。

A. 可以同时打开多个 Excel 文件   B. 只能一次打开一个 Excel 文件

C. 打开的是 Excel 工作表   D. 打开的是 Excel 图表

55. 在 Excel 中，有关"另存为"命令选择的保存位置，下列说法正确的是（   ）。

A. 只可以保存在驱动器根目录下

B. 只可以保存在文件夹下

C. 既可以保存在驱动器根目录下，又可以保存在文件夹下

D. 既不可以保存在驱动器根目录下，又不可以保存在文件夹下

56. A1 和 A2 单元格数据分别为 1 和 2，选定 A1: A2 区域并拖动该区域右下角的填充柄至 A10，则 A6 单元格的值为（   ）。

A. 2   B. 1   C. 6   D. 错误值

57. 在 A1 中输入 "=date (99, 1, 27)"，在 A2 中输入 "=A1+7" 且 A2 为日期显示格式，则 A2 的显示结果为（   ）。

A. 1999-2-2   B. 1999-2-4

C. 1999-2-3   D. 错误

58. 在 Excel 2016 单元格中输入数据，下列说法正确的是（   ）。

A. 在一个单元格中最多可输入 255 个非数字项的字符

B. 如果输入的数值型数据长度超过单元格宽度，Excel 会自动以科学计数法表示

C. 对于数字项，最多只能有 15 个数字位

D. 如果输入的文本型数据超过单元格宽度，Excel 会出现错误提示

59. 在 Excel 2016 中，一个工作簿可以含有（   ）张工作表。

A. 254   B. 255   C. 256   D. 受内存限制

60. 在 Excel 2016 中，显示分页符是在（   ）中设置。

A. 文件→选项   B. 视图   C. 文件→帮助   D. 审阅

61. 在 Excel 表格中，为了查看满足部分条件的数据内容，最有效的方法是（   ）。

A. 选中相应的单元格   B. 采用数据透视表工具

C. 采用数据筛选工具   D. 通过宏来实现

62. 在 Excel 操作中，将单元格指针移到 AB220 单元格的最简单的方法是（   ）。

A. 拖动滚动条

B. 按 Ctrl+AB220 键

C. 在名称框中输入 AB220 后按 Enter 键

D. 先用 Ctrl+→组合键移到 AB 列，然后用 Ctrl+↓组合键移到 220 行

63. 在 Excel 操作中，每个窗口的状态栏显示与当前单元格操作有关的信息，如执行命令的简短提示为 "就绪"，则表示（   ）。

A. 表格保存完成   B. 可以保存表格

C. 所选中的单元格内容输入完成   D. 可以输入表格内容了

64. 在 Excel 单元格中，输入（   ）表达式是错误的。

A. ♯VALUE!   B. ♯REF!   C. SUM (A2: A4) /2   D. ♯REF!

65. 在 Excel 工作表的单元格中可输入（   ）。

A. 字符   B. 中文   C. 数字   D. 以上都可以

66. 在 Excel 中，"工作表" 是用行和列组成的表格，分别用（   ）区别它们。

A. 数字和数字   B. 数字和字母   C. 字母和字母   D. 字母和数字

67. 在 Excel 中，编辑栏中显示的是（   ）。

A. 删除的数据   B. 当前单元格的数据

C. 被复制的数据   D. 没有显示

68. 在 Excel 中，错误单元格一般以（　　）开头。

A. $ B. ♯ C. @ D. &

69. 在 Excel 中，给当前单元格输入数值型数据时，默认为（　　）。

A. 居中 B. 左对齐 C. 右对齐 D. 随机

70. 在 Excel 中，已知 F1 单元格中的公式"＝A3＋B4"，当 B 列被删除时，F1 单元格中的公式调整为（　　）。

A. A3＋C4 B. A3＋B4 C. A3＋A4 D. ♯REF！

71. 在 Excel 中，以下运算符优先级最高的是（　　）。

A. : B. , C. ＊ D. ＋

72. 在 Excel 中，单元格中的内容还会在（　　）中显示。

A. 编辑栏 B. 标题栏 C. 功能区 D 状态栏

73. 在 Excel 中，每一列使用字母"A～Z"表示，第 27 列用（　　）表示。

A. 1A B. A1 C. 0A D. AA

74. 在 Excel 中，使用填充柄对包含数字的区域复制时应按住（　　）键。

A. Alt B. Ctrl C. Shift D. Tab

75. 在单元格内输入电话号码"02759802306"时应如何输入（　　）。

A. 2759802306 B. ⌐02759802306

C. "02759802306 D. '02759802306

76. 在"开始"功能区中，将选定单元格的内容清空而保留单元格格式信息的是（　　）。

A. 清除 B. 删除 C. 撤销 D. 剪切

77. 在默认情况下，Excel 使用的是"常规"格式，下列不属于这种格式的是（　　）。

A. 数值左对齐

B. 公式以值的方式显示

C. 当数值长度超出单元格长度时用科学计数法显示

D. 文字左对齐

78. 在任何时候，Excel 工作表中（　　）单元格是激活的。

A. 有两个 B. 有且仅有一个

C. 可以有一个以上 D. 至少有一个

79. 在一个工作表中，筛选出某项的正确操作方法是（　　）

A. 鼠标单击数据表外的任一单元格，执行"数据"→"筛选"菜单命令，鼠标单击想查找列的向下箭头，从下拉菜单中选择筛选项

B. 鼠标单击数据表中的任一单元格，执行"数据"→"筛选"菜单命令，鼠标单击想查找列的向下箭头，从下拉菜单中选择筛选项

C. 执行"查找与选择"→"查找"菜单命令，在"查找"对话框的"查找内容"输入框中输入要查找的项，单击"关闭"按钮

D. 执行"查找与选择"→"查找"菜单命令，在"查找"对话框的"查找内容"输入框中输入要查找的项，单击"查找下一个"按钮

80. 只显示公式而不显示结果的操作在"公式"选项卡下的（　　）中完成。

A. 公式审核 B. 编辑 C. 逻辑 D. 定义的名称